청소년을 위한 **케임브리지 과학사 3**

화학 이야기

청소년을 위한
케임브리지 과학사3 화학 이야기

초판 1쇄 발행 2006년 5월 10일 ＼**초판 5쇄 발행** 2017년 8월 1일
지은이 아서 셧클리프 외 ＼**옮긴이** 조경철 ＼**펴낸이** 이영선 ＼**편집 이사** 강영선 ＼**주간** 김선정
편집장 김문정 ＼**편집** 임경훈 김종훈 하선정 유선 ＼**디자인** 정경아
마케팅 김일신 이호석 김연수 ＼**관리** 박정래 손미경 김동욱

펴낸곳 서해문집 ＼**출판등록** 1989년 3월 16일(제406-2005-000047호)
주소 경기도 파주시 광인사길 217(파주출판도시) ＼**전화** (031)955-7470 ＼**팩스** (031)955-7469
홈페이지 www.booksea.co.kr ＼**이메일** shmj21@hanmail.net

© 서해문집, 2006
ISBN 978-89-7483-278-0 43400
값 8,700원

이 도서의 국립중앙도서관 출판시도서목록(CIP)은 e-CIP 홈페이지(http://www.nl.go.kr/ecip)에서
이용하실 수 있습니다.(CIP제어번호: CIP2006000601)

07

청소년을위한

케임브리지 과학사

화 · 학 · 이 · 야 · 기

3

아서 셧클리프 외 지음
조경철 옮김

서해문집

Stories from Science, Volumes 3
By A Sutcliffe
©1965 by CAMBRIDGE UNIVERSITY PRESS
All Rights reserved.

Korean translation edition © 2006 by Booksea Publishing Co.
Published by arrangement with Cambridge University Press, UK
via Bestun Korea Agency, Korea
All Rights reserved.

머리말

　지은이 가운데 한 명이 젊은 날 케임브리지에서 과학 교사로 일할 때, 과학과 기술의 역사 속에서 신기한 사건이라든가 뜻밖의 발견에 관한 이야기를 모아 보자고 뜻을 굳혔습니다. 그 같은 이야기를 교육에 이용하면 수업 내용이 풍부해질 것이고, 학생들도 재미있어 하려니 생각했기 때문입니다.

　이리하여 틈만 나면 과학사에 관련된 이야기들을 모으는 즐거움이 시작되어, 그 뒤로 40년 동안이나 이 일이 계속되었습니다. 모아진 이야기들이 여느 사람들에게도 똑같은 즐거움을 주기를 바란 나머지, 자식들의 도움을 받아 출판을 준비했습니다.

　그 같은 정보를 모으기 위해서는 당연히 여러 종류의 다양한 자료를 참고해야 했습니다. 본인이 이용한 저작물의 지은이 여러분에게 진심으로 고마운 뜻을 전해 드리고자 합니다.

　그림도 이 책의 흥미를 크게 보태 주고 있는데, 이는 로버트 헌트 씨의 노작(勞作)입니다. 헌트 씨는 섬세하고 정확한 예술가로서의 기량을 참으로 능란하고 보기 좋게 결합해 주셨습니다.

이 밖에도 많은 인용문을 번역해 주신 G. H. 프랭클린 씨와 타자로 친 원고를 읽어 주신 L. R. 미들턴 씨, J. 해로드 씨, A. H. 브릭스 박사, R. D. 헤이 박사, M. 리프먼 양 등 많은 동료와 벗들에게 마음으로부터 고마움을 표하는 바입니다.

또 R. A. 얀 씨에게는 오랜 세월을 함께한 친근한 동료가 아니고는 도저히 불가능한, 신랄하면서도 건설적인 비평을 받아 특히 참고가 되었습니다. 인쇄 전 마지막 단계에서는 케임브리지 대학 출판부의 여러분이 매우 유익한 도움말과 아울러 수정하는 일을 도와 주셨습니다.

링컨에서 아서 셧클리프 & A.P.D. 셧클리프

01

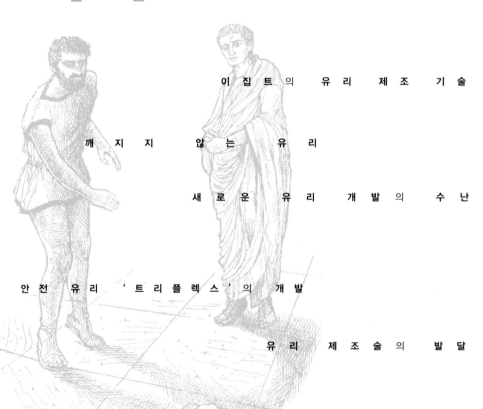

유리를 만들기까지

유리는 천연적으로 산출되지 않는다. 그러나 적어도 3000년 내지 4000년 전부터 인류는 유리를 사용해 왔다. 서력 기원이 시작되기 훨씬 전에, 유리는 성서에 나오는 가나안의 땅에서 만들어지고 있었는데, 그 중심지는 시동(sidon : 고대 페니키아의 상업 도시 국가)이라는 도시였다.

로마의 사학자 플리니우스(Gaius Plinius Secundus, 23년~79년)는 가나안을 페니키아(Phoenicia)라고 하였다. 페니키아는 시리아의 지중해 연안에 자리한 땅으로, 고대에는 매우 번영한 지방이었다.

벨로스 강(River Belus)은 카르멜 산(Karmel)에 가까운 늪지대에서 시작된다. 고작 8km밖에 안 되는 짧은 수로는 천천히 흘러서 페니키아 지방을 적셔 주고 지중해로 흘러든다. 이 강은 많은 흙모래를 날라 주었고, 그것이 강의 입구에 가라앉고 쌓였다. 그리하여 너비 1km도 채 안 되는 가느다란 모래섬을 형성하였다.

밀물과 썰물로 바닷물이 끊임없이 모래를 씻어 준 덕분에 강모래는 마치 은처럼 눈부시게 빛난다. 바로 이 좁고 기다란 모래섬이 우연히도 유리 만드는 법을 발견하는 무대가 되었다.

페니키아 인들의 발견

페니키아 인은 부지런한 민족이었다. 남자들의 일부는 상인이 되어 바다로 진출하였으며, 자기네가 만든 물품을 여러 가지 원료와 물물 교환 하였다. 고대 영국을 찾아가서는 콘월 지방에서 채굴된 주석과 직물을 교환하기도 하였고, 가까운 이집트에도 자주 찾아가 천연 소다를 배에 싣고 돌아가곤 하였다.

천연 소다란 탄산나트륨에 적은 양의 중탄산나트륨 및 식염을 비롯한 그 밖의 불순물이 섞인 것이다. 그것은 이집트의 **함수호** 기슭에서 많이 산출되었다. 아직 비누가 쓰이지 않던 때, 사람들은 이것을 이용하여 옷감을 빨았다. 이집트 인들은 시체를 미라로 보존하는 데도 천연 소다를 방부제로 사용하였다.

함수호란? 짠물이 괴어 있는 호수.

유리가 우연히 발견된 이야기는 플리니우스가 쓴 《박물지》를 통해 전해지고 있다. 그 기록은 다음과 같다.

어느 해인가 천연 소다를 실은 한 척의 배가 페니키아로 돌아왔다. 선원들이 벨로스 강의 기다란 모래섬에 상륙하여 밥을 지어 먹으려 할 때였다. 그 해안은 모래뿐이어서 냄비를 얹는 데 쓸 만한 돌덩이를 구할 수 없었다. 하는 수 없이 선원들은 배에서 소다덩이를 몇 개 꺼내다가, 그 위에 냄비를 얹어 놓고 불을 지폈다.

불이 한창 탈 때, 그들은 이상야릇한 것을 보고 몹시 놀랐다. 냄비 아래쪽으로 전에 본 일이 없는 투명한 액체가 흘러내렸던 것이다. 그것은 불의 열이 소다와 모래에 작용해서 이루어진 것이었다. 그 투명한 액체가 바로 녹은 유리였다.

불구덩이에서
흘러나온
유리

그러나 일반 서민이 유리를 사용하게 된 것은 산업 혁명 이후이다. 유리의 착색 원인이 되는 불순물, 즉 산화철의 함유량을 적게(보통 0.012% 이하) 한 유리인 크리스털유리는 투명도가 높아 두께가 두꺼워져도 색이 나타나지 않고 투명한 것이 특징이다. 유리와 달리 크리스털의 역사는 300여 년 밖에 되지 않는다. 조지 라벤스크라프트라는 영국의 유리 제조공에 의해 1676년 처음 만들어졌다고 전해진다. 유리에 비해 강도와 투명도가 뛰어나고 수정 같은 아름다움을 지녔다고 해서 '크리스털'이라는 이름이 붙은 것이다.

소다와 모래를 섞어서 가열한 덕분에 유리를 만드는 방법이 발견되었다.

연구와 고안에 재주가 있고 손재주가 좋은 페니키아 인들은 이 방법을 점차 개량하더니 이윽고 갖가지 유리 제품을 만들게 되었다. 그 중에는 작고 아름다운 빛깔을 내는 구슬 종류도 있었다. 페니키아의 항해 상인들은 미개한 나라의 사람들에게 유리 구슬을 주고 다른 물건들을 쉽게 교환하였다.▪

이와 같은 이야기가 과연 진실이냐 거짓이냐를 둘러싸고 많은 사람들이 의견을 제기해 왔다. 먼저 이 이야기에는 유리를 만드는 데 필수적인 탄산나트륨과 모래와 열이라는 세 가지 요소가 가지런히 갖추어져 있다는 점에서 살펴볼 필요가 있다.

또한 벨로스 강 하구에 위치한 그 유별난 **사주**(砂洲)의 모래는 유리를 만드는 데 안성맞춤이다. 실제로 그 모래는 몇 세기 동안에 걸쳐 유리를 만드는 데 쓰여 왔다.

사주 란?
해변에서 가까운 바다에 파도가 쌓아 놓은 모래나 굵은 퇴적물의 언덕.

그러나 많은 저술가들은 이 이야기에 의문을 제기하였다. 나무 그늘 하나 없는 바닷가에서 피운 불로 과연 소다와 모래가 녹아서 액체 유리가 제조될 만큼 높은 온도를 얻을 수 있겠냐는 것이었다.

페니키아의 뱃사람들이 피운 장작불이 유리 원료의 혼합물을 녹일 만큼 높은 열을 냈다는 증거는 없다. 그러나 그 때의 열로 적어도 혼합물의 표면에만이라도 유리 같은 반짝거림을 낼 수 있었다고 추정해 볼 수는 있다. 슬기로운 페니키아 인들은 거기서 힌트를 얻었을 것이다. 그래서 소다와 모래를 섞은 것을 가마솥 속에서 고온으로 덥혀 보는 실험을 하고, 그로써 유리라는 새로운 물질을 얻어 냈다고 생각할 수 있다.

(이집트의 유리 제조 기술)

유리의 발견에 관하여 다음과 같은 이야기도 있다. 여기서는 대단히 높은 열이 등장한다.

누군가의 말에 따르면, 이스라엘의 어린이들이 숲 속에 불을 질렀을 때 불기운이 어찌나 거세었던지 '초석'과 모래가 그 열에 녹아서 언덕의 비탈로 흘러내렸다고 한다. 그 뒤 사람들은 우연히 만들어진 유리를 인공적으로 제조해 보려고 애썼다.

이 글을 쓴 사람은 소다라든가 화학적으로 소다를 닮은 알칼리성의 물질을 통틀어 **초석**이라고 일컬었다.

초석이란?
염초 또는 은초라고도
불리는 질산칼륨.

페니키아 인이든 이스라엘 인들이든 혹은 그 양쪽이
든 간에, 이와 같은 우연한 동기로 독자적인 유리의 제
조법을 발견했다는 가능성을 덮어 놓고 부정할 수만은
없다. 다만 이스라엘 인들에 관한 이야기에는 뒷받침이 될 만
한 증거가 전혀 없다는 점은 알아야 한다.

그러나 이 두 민족이 유리의 제조법을 알기 훨씬 전부터, 고대 이집
트 인이 유리 제조법을 알고 있었다는 사실은 확실하다. 왜냐하면 페
니키아 인이 유리를 만든 것보다 몇백 년이나 전에 만들어진 유리 제
품이 이집트에서 발견되었기 때문이다.

고대 민족의 역사를 연구하는 고고학자 가운데는 유리의 제조법이
도자기를 만들 때 겉에 칠을 하는 기술에서 점점 발달되었다고 하는
이도 있다. 이집트의 도자기에 쓰인 겉칠이 화학적으로 유리와 거의
비슷하기 때문이다. 그들은 또 이집트에서 시작된 제조법이 페니키아
나 그 밖의 나라로 전파되었다고 믿는다.

유리가 언제 어디서 처음으로 만들어졌는가 하는 문제는 아직 확실
히 밝혀지지 않았다. 그러나 로마 제국의 2대 황제 티베리우스(Julius
Caesar Augustus Tiberius, 기원전 42년~37년, 재위 14년~37년)의 시대, 이집트 인들이
유리 제품의 제조에서 고도로 숙련된 수준에 이르렀다는 사실에는 의
심의 여지가 없다.

그 이전의 몇 세기 동안, 이집트 인들은 유리를 나라 밖으로 수출하

여 큰돈을 벌었다. 유리를 대량으로 생산하여 비싼 값으로 판매하였던 것이다. 티베리우스는 바로 이 같은 이집트의 숙련된 장인들을 로마로 불러들여 유리 공장을 짓게 하고, 또 로마의 장인들에게 그 기술을 가르치게 하였다.

이 계획은 크게 성공하였다. 네로 황제 시대인 65년에는 로마의 유리 제조가들이 이집트의 기술을 뛰어넘어 모자이크라든가 유리 식기 같은 것을 만들기에 이르렀다. 네로는 오늘날의 돈으로 5만 파운드 이상에 해당되는 유리 술잔 두 개를 주문했다고도 전해진다.

깨지지 않는 유리

티베리우스의 통치 시대에 누군가는 색다른 유리를 만드는 데 성공했다고 한다. 아무리 두드려도 보통의 유리처럼 산산조각나지 않고 고작 우그러지기만 하는 유리였다. 그는 이런 신기한 유리로 아름다운 컵을 하나 만들었다. 그리고 티베리우스 황제의 환심을 사기 위해 이것을 바치기로 하였다.

옛 이야기가 흔히 그렇듯이, 이 이야기에도 몇 가지 **이설**이 있다. 고대의 어느 저술가에 따르면 그 사나이는 예전에 티베리우스의 명으로 로마에서 추방된 건축가였다고 한다.

그 건축가는 유배지인 시골 마을에서 깨지지 않는 유리의 제조법을

이설이란? 이미 나와 있는 설(設)과 다른 설.

발견하고, 그 유리로 술병을 만들었다. 그리고 그는 황제에게 이 새롭고 독특한 선물을 바치기로 하였다. 선물을 받은 황제는 틀림없이 자신의 죄를 용서하고 추방령을 철회할 뿐 아니라, 상당한 상을 내릴 것으로 믿었다는 것이다.

사학자 플리니우스는 이토록 훌륭한 새 유리 개발에 관해서 불과 서너 줄밖에는 언급하지 않았다.

티베리우스의 시대에 깨지지 않고 구부러지기만 하는 유리를 만드는 방법이 고안되었다. 그런데 그것을 개발한 장인의 작업장은 흔적도 없이 파괴되었다고 한다. 금·은·동 같은 귀금속 값이 내리는 것을 막기 위해서였다.

이 같은 이야기는 아주 오래 전부터 널리 퍼져 있었는데, 진실인지 아닌지는 확실치 않다.

또다른 저술가는 이보다 상세한 설명을 하고 있다.

어느 로마의 장인이 깨지지 않는 유리 컵의 제조법을 개발하였다. 그는 황제의 총애를 얻고자 그것을 바치기로 하였다. 그 컵은 황제가 애용하는 황금 컵보다도 훌륭해 보였다. 유리 컵을 보는 사람마다 감탄과 칭찬의 말을 하였다. 장인이 자랑스러움으로 가득 차서 그것을 티베리우스에게 건넸다.

티베리우스 앞에
유리 컵을
내던지는 장인

21

황제가 유심히 그것을 살펴보는데, 장인은 갑자기 그것을 다시 빼앗더니 느닷없이 땅바닥에 내동댕이쳤다. 황제는 매우 놀랐다. 그리고 장인이 다시 집어 든 컵을 보고는 더욱 놀랐다. 자리를 같이하고 있던 모든 구경꾼들도 그것이 마치 청동 그릇처럼 오목하게 찌그러진 모습을 두 눈으로 확인할 수 있었다.

이 이야기는 그 뒤가 더 재미있다.

그런 다음 장인은 호주머니에서 꺼낸 작은 쇠망치로 유리 컵의 우그러진 데를 두드려 본래의 생김새대로 손쉽게 고쳐 놓았다. 이 일을 마친 그는 마치 하늘에라도 올라갈 듯한 자부심을 느꼈다.

황제가 그에게 물었다.

"그대 외에 또 누가 이런 유리를 만들 수 있느냐?"

그의 신명은 절정에 이르렀다.

"이 몸 말고는 아무도 없습니다."

그가 이렇게 대답하자, 황제는 즉각 큰 소리로 명령했다.

"저놈의 목을 베어라!"

그러고는 처형의 이유를 이렇게 밝혔다.

"만일 이런 기술의 비밀이 세상에 알려지면, 백성은 이후로 금을 먼지쯤으로밖에 여기지 않을 테니까."

새로운 유리 개발의 수난

티베리우스와 거의 같은 시대에 살았던 몇몇의 사람들이 비슷한 글을 남겼으므로, 전적으로 터무니없고 못미더운 이야기는 아니다. 그러나 '깨지지 않는 유리'는 그 뒤로 몇 세기 동안에 걸쳐 세간에 모습을 나타낸 바 없다.

황제에게 바쳐진 것은 유리가 아니라 속이 비치는 **'수지'**로 만들어진 것이 아니었겠냐는 추론도 있다. 수지라면 겉보기에 유리와 감쪽같이 닮았으되, 그렇게 여리지는 않으므로 두드려도 깨지지는 않았을 것이다.

수지란?
나무에서 나오는 진.

지나간 2000년 안팎의 세월 동안 깨지지 않는 유리를 개발했다고 주장한 몇몇의 사람들이 있다. 그런 주장 가운데 각별히 재미있는 일화 하나가 있다. 그 개발자 역시 티베리우스 시대의 불행한 장인처럼 기대하던 대로 상을 타지 못했기 때문이었다.

프랑스 왕 루이 13세 시대의 일이다. 그는 새로운 유리로 흉상 하나를 만들어 추기경인 리슐리외[■](Armand-Jean du Plessis Richelieu, 1585년~1642년)에게 진상하였다.

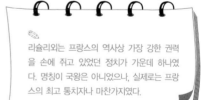

리슐리외는 프랑스의 역사상 가장 강한 권력을 손에 쥐고 있었던 정치가 가운데 하나였다. 명칭이 국왕은 아니었으나, 실제로는 프랑스의 최고 통치자나 마찬가지였다.

리슐리외의 반응은 황제 티베리우스와 닮은 것이었다. 그 기술을 개발한 데 대해 포상을 하기는커녕, 그를 종신 금고형에 처했다. 왜냐하면 깨지지 않는 새로운 유리가 널리 쓰이면 프랑스의 유리 제조업자들이 모두 생계를 이어나갈 수 없을 것이라는 생각 때문이었다.

이러한 이유로 새로운 유리를 만드는 비법은 비록 실제로 있었을지라도 영구히 어둠 속에 묻혀 버리게 마련이었을 것이다.

안전 유리 '트리플렉스'의 개발

깨지지 않는 유리를 만들었다는 여러 이야기 중에 그 어느 하나에서도 만족할 만한 결과는 얻어지지 않았다. 그런 가운데 20세기에 접어든 지 얼마 되지 않아, 프랑스의 과학자 에두아르 베네딕투스(Edouard Benedictus)가 등장한다.

그 당시 셀룰로이드는 칼의 손잡이라든가 머리빗 또는 피아노의 건반 등을 비롯한 갖가지 물품을 만드는 데 널리 쓰여져, 값비싼 상아의 대용품이 되고 있었다. 오늘날에는 그것이 거의 플라스틱 재료로 대체되었다.

그는 어느 날 우연히 심한 자동차 사고를 목격하였다. 자동차의 유리창이 산산이 부서지고, 그 때문에 여자 승객 한 명이 크게 부상을 당했다. 이 사고를 본 베네딕투스는 몇 해 전에 셀룰로이드 때문에 일어난 조그마한 재난이 생각났다. ■

셀룰로이드는 알코올 등 두서너 가지 액체로 녹는데, 그들 용제는 모두 쉽게 증발한다.

24

1888년, 베네딕투스는 셀룰로이드의 용액을 사용한 실험을 마치자, 그 용액이 든 플라스크를 그대로 선반 위에 얹어 놓았다.

세월이 흐른 뒤 1903년의 어느 날, 그는 실험실을 정리하다가 선반 위의 플라스크를 발견하였다. 그는 그 플라스크를 내려놓으려다가, 아차 하는 순간 플라스크를 떨어뜨렸다.

그 순간에 기적 같은 일이 일어났다. 놀랍게도 플라스크는 엉망으로 박살나기는 했으나 그 조각들은 마치 풀로 붙인 듯 서로 붙어서 떨어지지 않은 것이다.

베네딕투스는 깨진 플라스크를 집어 들고, 15년 전에 붙인 라벨을 들여다보았다. 비로소 그는 플라스크에 셀룰로이드 용액이 들어 있었음을 확인하였다. 15년 동안에 액체는 완전히 증발하고 플라스크의 안쪽에는 엷은 셀룰로이드의 막이 붙어 있었다.

베네딕투스는 이 망가진 플라스크를 진기한 표본으로 보존하기로 했다. 그 속에 무엇이 들어 있었고, 어떤 일이 있었던가를 메모지에 기록해서 붙여 두었다.

자동차 사고를 목격한 그 날, 베네딕투스의 머리에 떠오른 것은 그 망가진 플라스크였다. 그는 새로운 아이디어가 떠오르자, 그길로 실험실에 들어가 파묻혔다. 안전 유리를 만드는 방법을 고안하기 시작한 것이다.

그의 새 방법은 이런 것이었다. 유리판의 한쪽 면에 셀룰로이드의 용액을 바르고, 액체가 거의 증발하기까지 놓아 둔다. 셀룰로이드가

끈적끈적해질 때 그 위에 또 한 장의 유리판을 누른다. 그런 뒤에 이 '샌드위치'가 완전히 굳어질 때까지 그대로 둔다.

결국 두 장의 유리판은 단단하게 달라붙었다. 그래서 깨져도 그 조각들은 셀룰로이드의 막에 붙어 있었다.

이리하여 자동차 사고에 으레 따르는 유리 파편으로 말미암은 부상을 방지할 수 있게 되었다.

안전 유리는 유리판 두 장과 그 사이에 셀룰로이드 막 한 장까지 도합 세 겹으로 이루어졌으므로, 베네딕투스는 이를 '트리플렉스'라고 이름 붙였다. 그리고 1909년, 안전 유리 '트리플렉스'의 특허권을 얻어냈다.

유리 제조술의 발달

유리 플라스크가 깨어지되 금만 가는 현상이 베네딕투스에게 '트리플렉스'를 만드는 아이디어를 준 사실에는 거의 의심할 여지가 없다.

그러나 세 겹으로 만들어진 안전 유리의 특허를 딴 것은 그가 처음이 아니었다. 1906년에 존 C. 우드라는 영국인도 그 같은 아이디어로 안전 유리를 만든 바가 있었다. 다만 그는 셀룰로이드 대신 '캐나다 발삼(canada balsam)'이라는 수지를 사용하였다. 그런데 우드의 발명은 상업적으로 성공하지 못했으나 베네딕투스의 안전 유리는 날개 돋친 듯이 팔렸던 것이다.

1909년 이래 안전 유리의 제조법은 여러 가지로 개량되었다. 더욱이 새로운 접착제, 특히 플라스틱으로 만들어진 접착제가 셀룰로이드 대신 널리 사용되기에 이르렀다.

알프스를 넘어 이탈리아로

02

알프스를 녹인 한니발

한니발은 과연 초를 썼는가

물에 갈라지는 바위

고대사에 그 이름을 남긴 명장 한니발 (Hannibal, 기원전 247년~기원전 183년경)은 카르타고(Carthago)에서 태어났다. 카르타고는 한때 70만의 인구가 살던 자랑스러운 고대 도시다. 그 지배는 아프리카의 북부 해안을 따라 확장되어 지중해 섬들의 대부분과 에스파냐의 한 식민지에까지 이르렀다.

기원전 264년부터 지중해 주변의 패권을 둘러싸고 카르타고와 로마는 3회에 걸친 '포에니(Poeni) 전쟁'을 치렀다. 그러나 결국은 카르타고가 로마에 패하여, 기원전 146년에 도시는 철저히 파괴되었다. 주민은 모두 살해되거나 추방되었으며, 건축물은 불태워져서 그 뒤로 다시는 도시가 건설되지 못할 정도로 황폐해졌다.

한니발이 태어난 무렵은 카르타고의 전성기였다. 그는 역시 카르타고의 장군이던 아버지에게 어려서부터 전투 기술을 교육 받았다. 아홉 살 때는 군대를 이끌고 에스파냐까지 원정을 갈 정도였다고 한다. 그는 아버지에게 죽을 때까지 로마에 대해 증오감을 버리지 않고 싸움을 계속할 것을 맹세했으며, 이 서약을 끝까지 지켰다.

기원전 221년, 에스파냐의 군인들은 한니발을 에스파냐의 영토인 카르타고의 통치자로 선언하였다. 한니발은 서약을 실현하기 위한 계획에 착수하였다.

알프스를 넘어 이탈리아로

기원전 218년, 이탈리아를 거쳐 로마로 진군할 준비가 모두 갖춰졌다. 한니발은 9만 명의 보병을 비롯하여 1만2천 마리의 말과 37마리의 코끼리를 거느리고 출발하였다. 그는 코끼리를 밀집 돌격을 위한 전술에 쓸 작정이었다. 코끼리를 적군 쪽으로 몰아치면, 미친 듯이 치달리는 그 모습은 참으로 무서운 것이었다. 코끼리를 본 적의 병사들은 틀림없이 극도의 혼란에 빠지리라고 믿었다.

한니발은 바닷길로 가지 않았다. 그렇다고 육로로 진군한 것도 아니었다. 그의 부대는 에스파냐에서 프랑스 남부를 횡단하여, 알프스 산맥의 기슭을 향해 진격하였다. 여기까지가 약 2,400km였다.

그의 부하들은 대개 따뜻한 아프리카 태생이었으므로, 눈 쌓인 산들이 하늘을 찌를 듯 높이 솟아 있는 광경을 보고는 몹시 놀라워하였다. 그러나 한니발은 조금도 당황하는 기색 없이 산을 오르라고 명령하였다.

한니발의 부대는 산허리를 올라가는 도중에 저지대에 사는 알프스 원주민의 습격을 받았다. 주민들은 눈과 얼음과 서리를 아랑곳하지 않고, 그늘에 숨어 있다가 대열에서 낙오한 병사를 발견하는 대로 습격하여 학살하였다.

병사들은 9일 간을 쉬지 않고 오른 끝에 간신히 정상에 올라 휴식을 취했다. 그러나 피로에 지친 나머지 사기는 극도로 떨어져 있었다. 한니발은 그들의 용기를 북돋아 줘야겠다고 판단하고 부대장들을 불러 모았다.

이탈리아의 평원은 마치 지도를 보는 것같이 눈 아래로 넓게 펼쳐져 있고, 산기슭에는 오곡백과가 푸짐하게 영그는 기름진 농지들이 끝없이 이어져 있었다. 한니발은 그 평원을 가리키며 말하였다.

"지금까지는 고되고 쓰라린 행군이었다. 그러나 이제 내리막길은 편할 것이다. 저기 이탈리아가 있다. 그 너머는 적국인 로마다. 우리가 두 번만 싸우면 모두가 우리 손 안에 들어올 것이다."

그러나 일은 한니발의 기대처럼 전개되지 않았다. 오르막보다 내리막이 더 힘들었다. 비탈을 이룬 좁다란 길은 눈과 얼음으로 완전히 막혀 있었으며, 길이 발견되지 않는 곳도 있었다. 발을 헛디뎌 까마득한 낭떠러지로 추락하여 참혹하게 죽는 병사도 한둘이 아니었다.

이윽고 길이 몹시 좁아진 곳에 이르렀는데, 그 곳에는 큰 바위가 굴러 떨어져 앞을 가로막고 있었다. 그 큰 낙석을 비켜 돌아서 갈 길은 아무 데도 없었다. 사방은 눈과 얼음으로 두껍게 덮여 있었다.

결국 이 큰 바윗덩이에 구멍을 뚫고 통과하는 방법 외에는 수가 없어 보였다. 선두가 이렇게 막혀서 옴짝달싹 못 하고 갈팡질팡하는 동안, 해는 지고 말았다. 그 날 밤은 전군이 그 자리에서 야영을 하였다.

이튿날 아침, 한니발은 병사들을 시켜 그 일대의 큰 나무 몇 그루를 베어 장작을 만들게 하였다. 그 장작을 낙석 둘레에 수북이 쌓고, 바람이 세게 불기를 기다렸다가 불을 질렀다. 한참 후에 그 불기로 바위가 뜨끈뜨끈해지자 한니발은 거기에 **초산**을 뿌렸다. 그러자 바위가 '녹아서' 부서지고, 병사들은 쇠붙이로 부스러기를 긁어 내어 길을 낼 수 있었다.

초산(醋酸, acetic acid)이란? 아세트산을 말한다. 묽은 아세트산 수용액이 바로 식초다.

이렇게 내리막길은 가까스로 닦았으나 군대의 형편은 말이 아니었다. 식량은 부족했고 말에게 먹일 풀도 바닥이 나서 말도 굶을 지경이 되었다. 산 위에 난 풀이란 풀은 모두 눈에 덮여 있었다. 한니발은 이 악조건 속에서도 계속 진군한 끝에 겨우 이탈리아 쪽 기슭에 닿았다. 15일 간에 걸친 엄청난 강행군이었다.

그로부터 약 2000년 뒤에는 또 한 명의 명장 나폴레옹(Napoléon Bonaparte, 1769년~1821년 : 프랑스의 제1통령)이 똑같이 참담한 진군을 시도하였는데, 이 때의 경로는 한니발 때보다 짧았고 편하였다.

이에 비해 한니발 부대의 손실은 어마어마한 것이었다. 수천 명이 산 속에서 목숨을 잃었고, 짐의 대부분을 도중에서 잃어야 했다. 한니발은 그래도 절망하지 않았다. 수일 동안의 휴식을 취하자 다시 로마를 향해 진격하였다.

로마와 벌인 포에니 전쟁의 최후 승리자는 로마였다. 한니발은 이탈리아에서 15년 간을 싸웠다. 그러나 본국에서는 원군을 보내지 않았다. 그나마 동생인 하스두르발이 원군을 이끌고 왔지만, 로마군에게 발각되어 전멸당하고 말았다. 만일 카르타고에서 한니발에게 지속적인 원조를 보냈다면 포에니 전쟁의 결말은 달라질 수도 있었을지 모른다. 한니발은 시칠리아, 소아시아 등으로 망명하여 떠돌게 되었다. 후에 로마가 더욱 힘을 불려 소아시아 지역에까지 그 세력권을 넓히자, 한니발은 스스로 자살하고 말았다.

한니발은 과연 초를 썼는가

한니발의 알프스 산맥 돌파에 관한 이야기 가운데 과학자의 흥미를 끄는 것은, 초산을 사용하여 바위를 녹였다는 대목이다. 그런 일이 과연 있을 수 있는가에 관하여 지난 200여 년 동안 재미있는 논쟁이 몇 차례 있었다.

그의 알프스 돌파를 상세히 연구한 18세기의 한 화학자는 다음의 두 가지 조건이 충족된다면 이 이야기는 사실로 믿어도 좋다고 하였다. 그 조건은 첫째, 한니발이 진격할 때 식초를 가지고 갔었느냐, 둘째는 그 낙석이 석회암이나 대리석이었냐는 것이다.

식초가 로마군 병사들의 음료 가운데 하나였다는 사실은 이미 알려져 있다. 예컨대 카이사르(Gaius Julius Caesar, 기원전 100년~기원전 44년)는 행군 때마다 진한 식초를 가지고 다녔다고 한다. 식초를 물에 타서 묽게 한 식초수를 피로해진 병사들에게 주기 위해서였다. 식초 음료는 복용자의 심신을 상쾌하게 하므로 '포스카(Posca)'로 불렸다. ■

묽은 식초를 음료로 마신 실례는 예수가 십자가에 매달렸을 때의 일이 널리 알려져 있다. 다만 식초는 심신을 상쾌하게 하는 것인데도, 이 경우는 일부러 쓴맛의 물질인 오배자(五倍子 : 붉나무) 또는 '히솝'이라고 불린 박하 종류의 풀을 첨가하여 효과를 없애고 있다. 성서의 요한 복음 제19장 29절에 따르면, 신 포도주가 가득 담긴 그릇이 있었는데 사람들이 그 포도주를 해면에 담뿍 적셔서 히솝 풀대에 꿰어 가지고 예수의 입에 들이대었다 한다. 또 마태 복음 제27장 34절에 따르면, 그들은 예수에게 쓸개를 탄 포도주를 마시라고 주었으나 예수는 맛만 보고 마시려 하지 않았다고 한다.

뜨겁게 달군
바위에 초를
끼얹는 한니발

이런 실례도 있으니 카르타고 군인들도 식초 음료를 복용한 것으로 추정할 수 있다. 따라서 한니발이 진한 식초를 행군 때 휴대하였다는 사실은 충분히 가능성이 있다.

다음으로는 그 큰 낙석이 떨어진 곳이 알프스 산맥의 어디쯤인가 하는 것이 문제다. 어느 누구도 확실한 지점을 알 수는 없다. 혹시 그 곳의 지층이 뜨겁게 달구면 산화칼슘으로 변하는 암석, 즉 석회암이나 대리석 같은 것으로 이루어졌을지도 모른다.

식초는 초산을 함유하고 있는데, 초산은 석회질의 암석을 녹여 '아세트산칼슘'이라는 염을 만든다. 초산은 또 산화칼슘에도 작용하여 똑같은 염을 만든다. 그러므로 그 낙석이 석회암이나 대리석이었다면 한니발은 식초를 이용하여 암석을 부수고 통로를 개척했을 가능성도 있는 것이다. 그렇지만 바위를 녹이기 위해서는 어마어마한 양의 식초가 필요하다.

한니발이 초를 써서 바위를 녹였다고 기록한 이는 리비우스(Titus Livius, 기원전 59년경~17년, 로마의 역사학자, 《로마의 역사》의 저자) 외에도 여러 명이 있다. 플리니우스도 "바위를 불로 달구는 것만으로는 파괴되지 않았을지라도, 그 두꺼운 바위에 차가운 식초를 쳤더라면 쪼개졌을 것이다."라고 기록한 바 있다.

또 로마의 건축가인 비트루비우스(Vitruvius, ?년~?년)도 "바위를 불로 달구어 놓고 그 위에 식초를 부으면 산산이 부서지리라."라고 적고 있다.

그럼에도 불구하고 그리스의 역사학자 폴리비오스(Polybios, 기원전 200년경~기원전 118년경)는 한니발이 식초를 사용한 사실을 언급하지 않았다. 이와 같은 누락은 매우 중요한 의미를 지닌다. 폴리비오스는 알프스 돌파의 역사적 사실을 맨 처음에 기록한 사람일 뿐만 아니라, 그것을 특히 깊이 연구하며 당시의 많은 생존자들의 의견을 들었을 것이기 때문이다.(그 자신은 한니발의 진군 당시 아직 태어나지 않은 몸이었다.)

그 진군이 있은 지 200년이나 지난 뒤 리비우스가 한니발의 식초 사용설을 적은 것인데, 그 때까지 식초 사용설을 제기한 저술가는 그밖에 없었다.

리비우스 다음 시대에 이 이야기를 기록한 저술가들은 리비우스의 그 기술을 확인해 보지도 않고 그대로 이어 전한 듯이 보인다. 아닌 게 아니라, 그 가운데 적어도 한 사람은 이야기를 아래와 같이 거창하게 과장하여 바꿔 놓기도 하였던 것이다.

한니발은 높다랗게 솟아 있는 큰 바윗덩이를 먼저 화염으로 달구었고, 거기에 초를 쳐서 그 큰 힘으로 녹여 버린 뒤 쓰러뜨렸다.

물에 갈라지는 바위

고대인들은 큰 바위를 파괴하는 또 하나의 방법을 알고 있었다. 그것은 바위를 한껏 달군 뒤에 찬물을 뿌리는 방법이었다. 그렇게 하면 바위에 금이 가게 되는데, 그 사이에 쐐기나 지렛대 같은 연장을 박아 바위를 깰 수 있다.

이러고 보면 식초를 썼다는 리비우스의 기록에 대해 많은 이의가 제기될 수 있다. 그 낙석이 고온으로 가열하면 생석회로 변화하는 석질이었는지 아닌지는 확실하지 않다. 게다가 한니발이 행군 때 식초를 휴대했으리라는 사실은 충분히 상정되지만, 큰 암석을 손쉽게 녹여 버릴 수 있을 만큼 많은 양을 휴대했다고는 쉽게 생각할 수 없다. 특히 이 사건이 힘겹고 기나긴 진군의 마지막 단계에 이르러서 있었던 일이라 더욱 그러한 것이다.

또 하나 믿기 어려운 점이 있다. 찬물과 열만으로 바위를 부술 수 있다는 사실을 아는 병사가 아무도 없었던가 하는 점이다. 만일 이를 알고 있는 병사가 단 한 명이라도 있었다면 사방에 가득한 눈과 얼음을 두고 구태여 식초를 낭비해 버릴 만큼 바보스런 짓은 하지 않았을 것이다.

다음으로는 알프스 돌파가 있은 뒤로 200년이 지나기까지, 그 때 식초를 사용했다는 기록이 하나도 없었다는 점을 들어야 한다. 병사들의 음료를 그렇게 놀랍고 기발한 데 사용했다면 큰 이야깃거리가 될 만하다. 그렇다면 주민들이 사는 거주 지역에 이른 병사들 사이에서 몇 주일 동안이나 두고두고 화제가 되었을 것이다. 그 화젯거리는 순식간에 소문으로 마을 사람들에게 전파되었을 가능성이 높다. 또 얼마 안 가서 다소간의 꼬리가 붙고 날개가 달려 그야말로 '노병의 추억담'으로 좋은 재료가 되었을 것이 분명하다.

그럼에도 불구하고 알프스 돌파에 관하여 상세하고 신중하게 연구한 폴리비오스가 그에 관해서 단 한 마디 소문도 듣지 않았다는 것은 전적으로 기묘한 일이라고 할 수밖에 없다.

만일 폴리비오스가 이 이야기를 들었더라면 이토록 비상한 사건을 소홀하게 놓쳤을 리가 없다. 당장 자기 저서 속에 상세히 기술하였을 것임에 틀림없다. 아니면 그 이야기가 거짓말임이 분명하여 애당초 문제조차 삼지 않은 것이라면 또 모른다.

한편, 리비우스에게는 주의 깊은 역사학자라는 평가가 주어지지 않고 있으므로 더 언급할 여지가 없다.

그렇다면 마지막으로 다음과 같은 설을 소개한다.

이탈리아의 북부에서는 '무쇠로 된 쐐기를 써서'라는 뜻으로 'acuto'라는 말을 사용했다. 이것은 '식초로'의 뜻인 이탈리아 어 'aceto'와 별로 다르지 않다. 이런 점을 유의하며 아래의 기록을 보자.

사실은 병사들이 쇠붙이로 된 쐐기를 바위에 박아 넣어서 부순 것인지도 모른다. 그 이야기가 몇 해에 걸쳐 입에서 입으로 전해지는 동안, 누군가가 잘못 들은 끝에 'acuto'가 'aceto'로 바뀌어 버렸다.

리비우스가 책을 쓰려고 자료를 수집하다가 이 유명한 사건과 관련하여 일컬어지는 'aceto'라는 말을 귀에 담았다. 그는 그 밖의 여러 자

료를 통해서 이 정보를 점검할 엄두도 내지 못한 가운데 그대로 적고
말았다. 모르긴 해도 아마 진상은 이런 것이 아닐지……

진주를 녹인 클레오파트라

진 주 를 마 신 클 레 오 파 트 라

진 주 는 과 연 초 에 녹 는 가

토 머 스 그 레 셤 과 진 주

이집트의 여왕 클레오파트라(Cleopatra, 기원전 69년~기원전 30년)■는 세계사적으로 알려진 가장 아름다운 여왕 중의 하나다. 뿐만 아니라, 매력적이며 비상한 재주와 지혜를 소유한 여자기도 했다. 게다가 막대한 재산도 가지고 있어, 그녀 자신을 위해서라면 이것을 서슴없이 이용할 줄도 알았다.

> ✎
> 클레오파트라 7세는 이집트 왕 프톨레마이오스 12세의 둘째 딸로 태어났다. 알렉산드로스 대왕의 죽음 이후 로마 병합 때까지 이집트를 다스린 마케도니아 왕조의 마지막 군주가 되었다. 훗날 이집트는 로마의 아우구스투스 황제가 되는 옥타비아누스에게 패한다. 클레오파트라는 안토니우스와 함께 자살하고, 로마는 이집트를 지배하게 되었다.

화려한 선상 파티

기원전 40년 무렵, 로마 제국의 지배자 가운데 하나인 마르쿠스 안토니우스(Marcus Antonius, 기원전 82년경~기원전 30년)는 그리스와 소아시아에 군대를 보내어 주민들을 로마의 명령에 복종하도록 했다. 그는 이 원정 중에 클레오파트라가 자신의 적을 돕고 있다는 사실을 알고 그녀에게 사죄를 요구했다.

이에 클레오파트라는 몸소 안토니우스를 방문하여 그 꾸지람에 답하기로 마음을 굳혔다. 그녀는 자신의 매력적인 외모와 재력으로 안토니우스를 매료시키기로 하였다. 그를 사랑에 빠뜨려 자신에게 아무런 위험도 될 수 없는 존재로 만들어 버리고자 한 것이었다.

여왕은 왕실 전용의 **갤리선**에 몸을 싣고, 수많은 조그만 배를 거느리고 위풍당당하게 안토니우스가 있는 장소로 향하였다. 클레오파트라의 갤리선은 자줏빛의 고급 천으로 만든 돛을 달고, 배꼬리는 황금으로 덮였으며, 노는 은으로 만들어져 있었다. 플루트와 피리, 하프로 연주하는 음악이 수면에 울려퍼지고, 노예들은 그 선율에 맞추어 노를 저었다.

갤리선(galley)이란?
배 양쪽에서 노를 저어 나아가는 고대의 대형 선박.

클레오파트라는 정교한 황금 자수로 장식된 천막 아래 앉아 있었다. 그녀는 사랑의 여신 비너스로 착각될 만큼 화려하게 옷을 차려입었으며, 곁에서는 큐피드 같은 옷차림을 한 소년들이 부채질을 하고 있었다. 그리고 바다의 요정 같은 의상을 걸친 미소녀들이 비단 밧줄로 돛을 다루고 있었다.

클레오파트라는 안토니우스가 호기심에 이끌려 이 화려하고 장엄한 광경을 보러 오기까지 그대로 배 위에서 기다리기로 하였다. 그의 방문을 예상하여 화로에 향료를 지폈으며, 그 향기는 강변에 몰려든 군중 쪽으로 퍼져 갔다. 땅거미가 드리우자 돛대에 장착된 갖가지 형태의 조그만 등에 불을 켜 말로 표현하기 어려울 정도로 현란한 광경을 자아냈다.

안토니우스는 여왕의 매력에 압도되어 배 위에서 같이 만찬을 들자는 그녀의 요청을 순순히 받아들였다.

이미 배에는 안토니우스를 위하여 신중한 준비가 갖추어져 있었다. 만찬이 베풀어질 선실의 마루에는 두텁게 꽃이 깔려 있었고, 침상을 겸한 의자와 벽은 자줏빛과 황금의 자수로 현란하게 장식되어 있었다.

드디어 음식이 나왔다. 그야말로 산해진미라 할 수 있는 진기하고 값비싼 요리가 번쩍거리는 보석을 박은 황금 접시에 담겨져 왔다. 술잔도 황금과 보석으로 사치스럽게 장식된 것이었다. 안토니우스는 보는 것 하나하나마다 고스란히 얼이 빠지듯 매혹되었고, 칭송의 말을 늘어놓기에 바빴다.

클레오파트라는 이 모든 것이 손님을 위해 특별히 장만한 것이 아니고, 평소에도 늘 이 정도로 사는 것처럼 믿게 하려고 교묘하게 행동하였다. 또한 이를 과시하고자 그녀는 그 날 밤의 잔치에 쓰인 비스듬한 침상 겸용의 의자, 황금 접시, 보석을 박은 술잔 등을 모두 안토니우스에게 선물로 바쳤다.

잔치가 무르익자 클레오파트라는 안토니우스에게 좀더 머물며 파티를 즐기라고 권하였다. 안토니우스는 이 권유에 못 이기는 체하며 둘이서 술잔을 들고는 시간 가는 줄 모르게 밤을 즐겼다.

그 뒤로 똑같이 호사스러운 파티가 몇 날 밤이고 되풀이되었다. 안토니우스는 깊은 인상을 받은 나머지 그녀에게 물었다.

"이런 파티에는 참으로 막대한 비용이 들 테지요?"

클레오파트라로서는 기다리던 질문이었다. 그녀는 시치미를 떼며 말했다.

"제게 이 정도의 비용은 아무것도 아니랍니다."

클레오파트라는 의미심장한 미소를 띠며 안토니우스에게 한 가지 제안을 하였다.

"제 자신이 진정 만족할 만한 사치스런 잔치를 연다면, 1만 세스텔치아(약 2억 7천만 원)쯤 들여 파티를 열고 당신을 초대하겠어요."

"단 한 번의 파티에 그런 거금을 쓸 수야 없지요."

안토니우스가 이렇게 대답하자, 그녀는 내기를 걸었다.

"내일 밤 차려 보여 드리죠. 만일 실제로 그리 되면 어떻게 하실 건가요?"

안토니우스는 그녀의 내기에 응하고, 부하 중에서 플랑쿠스(Plancus) 장군을 내기의 심판으로 지명하였다.

진주를 마신 클레오파트라

이튿날 저녁, 안토니우스와 그의 부하 장군들은 다시금 갤리선을 타고 클레오파트라의 파티에 참석하였다.

처음에는 전날 잔치에 비해 특별히 비용을 더 들인 것처럼 보이지 않았다. 그러나 잔치가 거의 끝나갈 무렵에 클레오파트라가 사람들에게 말하였다.

"지금까지의 잔치 비용은 하찮은 것이었어요. 이제부터는 저 혼자서 1만 세스텔치아를 소비해 보이지요."

클레오파트라는 온몸에 가득히 보석을 달고 있었고, 특히 양쪽 귀에는 큼직한 진주를 늘어뜨리고 있었다. 그녀는 넌지시 그 귀걸이를 자랑해 보이더니, 시녀에게 명하여 술잔에 식초를 담아 오도록 하였다.

안토니우스를 비롯한 로마의 장군들이 의아해하는 가운데 시녀는 식초가 든 술잔을 가져왔다. 클레오파트라는 술잔을 앞에 놓은 채, 무슨 생각인지 한쪽 귀걸이의 진주알을 풀어 들었다. 그러고는 안토니우스에게 눈웃음을 보내며 그것을 술잔에 담갔다. 몇 초 뒤, 그녀는 그 술잔을 집어 들고 식초를 한입에 후루룩 들이마셨다. 안토니우스와 장군들은 어안이 벙벙해졌다.

그 가운데, 클레오파트라는 여봐란듯이 또 한쪽 귀걸이의 진주알을 풀었다. 그러고는 술잔에 담가 넣으려는데, 심판을 맡은 플랑쿠스 장군이 당황해하며 선언하였다.

"내기는 판가름 났습니다. 여왕 폐하의 승리이십니다."

이와 같은 진주와 식초 이야기는 플리니우스가 그의 저서에 기술한 것인데, 실제 있었던 일로 널리 인정되고 있다. 또한 그 밖에도 이와 비슷한 사건의 기록이 몇 가지 더 남아 있다.

귀에 달고 있던
진주를 식초에
녹여 마시는
클레오파트라

　예컨대 클로디우스(Clodius)라는 로마 인은 아버지인 저술가 아에소푸스(Aesopus)의 막대한 유산을 물려받아 방탕한 생활을 즐겼다. 그는 클레오파트라처럼 내기에 이기려고 한 것이 아니라, 진주는 어떤 맛이 나는가를 알아보고자 값비싼 진주를 식초에 녹여 보이겠다고 호언장

담하였다.

클로디우스는 그렇게 허풍만 떤 것이 아니라 실제로 그렇게 해서 시음해 보았다. 그런데 그 음료가 어찌나 맛이 좋았던지, 손님 하나하나에게 진주를 나누어 주고 다 같이 마시게 하였다고 한다.

진주는 과연 초에 녹는가

클레오파트라와 진주 이야기를 쓴 플리니우스는 그 밖에 약의 처방에 관한 이야기도 많이 기술하였다. 그 가운데는 통풍(관절염의 일종)을 고치는 약에 대한 이야기도 있다. 그 약은 값어치가 거의 없는 잔다란 진주를 미세한 가루로 빻아서 식초에 녹여 만들었다.

진주를 빻은 가루는 주로 탄산칼슘으로 이루어져 있다. 이는 식초를 포함한 모든 산에 녹는다. 초에는 또 녹지 않는 석회분도 조금 함유되어 있다.

그러나 통째의 진주는 껍질에 싸여 있고, 이 껍질은 마셔도 상해를 일으키지 않을 정도의 약한 초에 수초 동안으로는 녹지 않는다. 따라서 클레오파트라가 초 속에 진주를 넣었을 때 그녀가 원하는 대로 순식간에 녹았다고는 생각되지 않는다.

사건의 진상을 용케 설명할 수 있는 몇 가지 힌트가 있다. 하나는 당시의 화학 지식에 통달해 있던 클레오파트라가 연회 전에 미리 진주를 녹일 만한 물질을 초에 섞어 넣었을지도 모른다는 점이다.

그러나 이 설을 주장한 사람은 그 물질이 무엇이었는지는 밝히지 않고 있다.

또 하나의 힌트에 따르면, 클레오파트라는 흰색 점토인 '백토'로 가짜 진주를 만들어서 몸에 달고 있었으므로, 진짜 진주를 초로 녹인 것처럼 보기 좋게 속일 수 있었다고 한다. 그러나 이런 행위는 아무래도 그녀의 성품에 어울리지 않는다.

또 하나의 가능성은 그녀가 진짜 진주를 초에 넣고 초와 더불어 꿀꺽 삼킨 것이 아닌가 하는 것이다. 과연 그랬던 것일까?

클레오파트라와 진주 이야기는 너무나 많은 고대의 저술가들이 채택하여 기술하고 있으므로 날조한 이야기라고는 믿기 어렵다. 실제로 어느 저술가는 나머지 또 하나의 진주에 얽힌 뒷이야기마저 적고 있다. 그에 따르면, 이 진주는 로마로 가져가 두 조각으로 나눈 뒤 비너스 여신상의 귀걸이로 사용되었다고 한다.

토머스 그레셤과 진주

이 외에도 진주를 초나 포도주에 녹이는 이야기가 있다. 엘리자베스 여왕 시대의 거부였던 귀족 토머스 그레셤(Thomas Gresham, 1519년경~1579년)■ 경은 1564년, 런던에 커다란 건축물을 지어서 상인들이 편하고 즐겁게 상거래를 할 수 있게 해 주었다. 그 때까지 런던의 상인들은 비바람을 막을 수도 없는 좁은 길거리를 왔다 갔다 하면서 흥정을 하고 물건을 거래하곤 하였다. 어느 역사가의 기록에 따르면 "그들은 비바람이 심한 날에는 기를 쓰고 바깥에서 버티거나, 고작해야 가까운 가게 안에 들어가서 비를 피하곤 하였다."고 한다.

그레셤이 지은 이 웅장한 건물은 1571년에 엘리자베스 여왕을 모셔 놓은 자리에서 개장식을 가졌다.

토머스 그레셤은 "악화가 양화를 구축한다."는 그레셤의 법칙으로 유명하다. 아직 지폐가 없던 시절의 유럽에서는 주로 동이나 은을 화폐로 사용하였다. 그런데 정부에서는 재정 부담을 줄이기 위해 이따금 화폐의 질을 떨어뜨리곤 하였다. 그러자 사람들은 질이 좋은 화폐는 집 안에 보관하고, 질이 나쁜 돈만 통용하게 되었다. 그레셤의 법칙은 일반적인 의미로 확대되어 사용된다. 통제가 이루어지지 않는다면 품질이 좋은 상품은 시장에서 사라지고, 품질이 낮은 상품만 남게 된다거나, 자질이 높은 사람은 조직에서 사라지고 자질이 낮은 사람들만 남게 된다는 등의 의미로도 활용될 수 있다.

이 날 여왕은 귀족과 궁정의 신하들을 거느리고 와서 토머스 그레셤 경과 정찬을 함께 하였다. 그 정찬은 그레셤 경의 부와 호사에 어울리는 호화판이었다.

그 중에서도 식사가 끝난 뒤 나눈 축배야말로 사치 중의 사치랄 수 있었다. 그레셤은 식탁 위에 비길 데 없이 크고 훌륭한 진주알을 하나 얹어 놓았다. 그는 그 진주를 산산조각내어 잘게 부순 뒤, 자신의 포도주 잔에 넣고 여왕 폐하의 건강을 축복하며 건배하였다.

그 뒤 여왕은 그레셤을 비롯한 신하들을 거느리고 새 건물을 돌아보았다. 여왕은 "구석구석까지 면밀히 시찰하더니 전령관에게 명하여 나

팔을 붉게 하고, 이 건물의 이름을 '왕립 거래소'로 부르도록 선언하였
다."고 한다.

　그런데 기묘한 일은 이 날의 개장식에 관한 어떠한 기록에도 위의
진주 이야기가 실려 있지 않다는 점이다. 또 신뢰할 만한 당시의 역사
책에도 이 사건에 대해서는 전혀 언급이 없다. 실제로 이 진주 사건을
기술한 것은 그 날의 연회 정경을 묘사한 어느 희곡 속에서뿐이다. 다

음의 서너 줄이 그것이다.

이리하여 망치질 한 번으로 1,500파운드(약 2백만 원)가 날아가 버리고,
그레셤은 설탕을 대용한 진주 가루로써 여왕의 건강을 축복하며 잔을
비웠도다.

지 붕 을   뚫 고   튀 어 나 간   돌 멩 이

어느 수사와 화약

대 포 가   모 르 타 르 로   불 린   사 연

화 약 과   총 포 의   발 달

화 약 이   역 사 에   끼 친   영 향

지붕을 뚫고 튀어나간 돌멩이

베르톨트 슈바르츠(Bertold Schwarz)는 프란체스코 수도회(Franciscan, 카톨릭교의 수도회)의 수사로서, 14세기 무렵 독일의 뉘른베르크(Nurnberg) 또는 프라이부르크(Freiburg)에 살고 있었다. 그의 생애에 관하여 확실한 것은 거의 없다. 역사학자들도 그의 본명조차 똑똑히 규명하지 못할 정도다. 그를 콘스탄트 아우크리첸(Constant Aucklitzen)이라고 부르는 이가 있는가 하면, 니겔 베르크톨투스(Niger Berchtoldus)라고 일컫는 이도 있으며, 간단히 '검은 베르톨트(Black Bertold)'라고 부르는 경우도 많다. ▪

슈바르츠는 독일어이며, 니겔은 라틴 어로서 모두 '검은 빛깔'이란 뜻이다. 그 시절, 대개의 사람들은 과학을 '검은 마술'로 여기고 있었다.

어쨌거나 베르톨트는 수도원 부근에 사는 농부들을 위해 환자용 약을 조제해 주곤 하였다.

어느 날 그는 유황과 초석과 목탄을 섞어 약을 만들고 있었다. 그는 이것을 각기 차례차례 **막자 사발**에 넣고 빻아서

막자 사발이란? 약을 갈 때 쓰는 사발.

섞어 놓았다. 그런 다음 그 위에 큼직한 돌멩이를 얹은 채 놓아 두었다.

　얼마 뒤 그가 다시 작업을 시작하려 했을 때는 이미 날이 저물어 어둑해져 있었다. 그는 불을 켜려고 부싯돌을 그었다. 그 때 불꽃이 막자 사발 속으로 날아가 떨어졌는데, 그 불꽃이 어디로 옮겨 붙었다. 한순간에 "꽝!" 하는 소리를 내며 돌멩이는 무서운 힘으로 튀어올라가 지붕을 뚫고 밖으로 날아갔다.

　놀라서 정신을 잃고 쓰러졌던 베르톨트가 깨어나 둘레를 살펴보니, 막자 사발 속은 텅 비었고, 머리 위의 천장에는 돌멩이가 뚫고 나간 구멍이 뻥 뚫려 있었다.

　1743년에 출간된 독일의 어느 책에 이 사건의 뒷일이 기록되어 있다. 그에 따르면, 베르톨트는 돌멩이를 그처럼 무서운 힘으로 튀겨 올리는 불가사의한 물질을 충분히 조사해 보고 싶어졌다. 그래서 똑같은 혼합물을 다시 만들어 보았다. 이 책의 지은이는 그것을 이렇게 적고 있다.

　그 뒤 그는 이 가루의 힘을 밝혀 내고자 멍청하게도 가죽 주머니에 그것을 채우고 그 위에 섰다. 그리고 가루를 흘려 긴 도화선을 만든 뒤 불을 붙였다.

　이 무분별한 실험의 결과는 이러하였다.

폭발 때문에 그는 튀어올라갔다. 머리로 천정을 들이받은 끝에 머리가
깨어져 그의 뇌수는 사방으로 흩뿌려졌다.

　이 부분은 조작된 것이 거의 틀림없다. 지붕을 뚫을 만큼 강한 힘으
로 돌을 튀겨 올리는 현장을 목격한 사람이 이런 바보스러운 실험을
하였을 리가 없기 때문이다.

천장을 뚫고
나가는 돌

대포가 모르타르로 불린 사연

　돌멩이가 수도원의 지붕을 뚫고 나갔다는 이 우연한 사건을 계기로 베르톨트는 전쟁에서 화약을 사용하면, 멀리 적군에게 돌을 던질 수 있겠다고 생각했다. 그는 이 아이디어를 실현하는 연구를 시작하였다.

　베르톨트는 막자 사발이나 아니면 형태는 닮았으나 좀더 길쭉한 그

중세의 전쟁에서
사용된 대포

룻의 바닥에 초석, 유황, 목탄을 섞은 화약을 넣고, 그 위에 커다란 돌을 올려놓았다. 화약에 불을 당기자 돌은 영락없이 날아갔다. 그러나 이것으로는 목표물을 제대로 맞힐 수 없었다.

그래서 얼마 뒤에는 막자 사발 대신에 쇠로 만들어진 기다란 통을 사용하였다. 쇠통의 한쪽을 막아서 거기에 화약을 채우도록 하였고, 또 조그만 구멍을 남겨 놓고 그 곳을 통해 화약에 불을 당기도록 되었을 것이다. ■

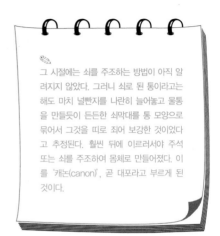

그 시절에는 쇠를 주조하는 방법이 아직 알려지지 않았다. 그러니 쇠로 된 통이라고는 해도 마치 널빤지를 나란히 늘어놓고 물통을 만들듯이 든든한 쇠막대를 통 모양으로 묶어서 그것을 띠로 죄어 보강한 것이었다고 추정된다. 훨씬 뒤에 이르러서야 주석 또는 쇠를 주조하여 몸체로 만들어졌다. 이를 '캐논(canon)', 곧 대포라고 부르게 된 것이다.

벨트루트가 대포를 발명한 것으로 믿어도 될 증거는 많다. 그러나 위의 이야기에 나온 바와 같이 막자 사발 속에서의 우연한 폭발이 계기가 된 것은 아니었을지도 모른다.

그렇다고 해서 모든 가능성을 전적으로 부정해 버릴 수는 없다. 몇 세기 동안이나 어떤 유형의 포(砲)가 막자 사발, 곧 '모르타르(mortar)'라는 명칭으로 불려왔기 때문이다.

이 포는 어쩌면 화학자들이 사용하는 막자 사발이 원형이었는지도 모른다. 포신이 짧고 뭉뚝하였으며, 포구는 매우 넓고 퍽이나 높은 각도를 향해 탄환을 발사하였다.

화약과 총포의 발달

포술학의 전문가인 구트만(Guttmann)은 1354년 5월 17일자로 된 프랑스 정부 조폐국의 공문을 인용하고 있다. 그에 따르면, 프랑스 국왕은 독일에서 베르톨트라는 수사가 대포를 발명했다고 분명히 지적하면서, 조폐국장에게 대포 제조에는 어떤 금속이 필요한지 조사해 보라고 지시하였다는 것이다.

또다른 역사학자는 대포가 처음 출현한 뒤로도 30년 내지 40년 동안이나 베르톨트는 살아 있었다고 말하고 있다. (따라서 그가 최초의 발명자였다는 말은 의심스러워진다.) 한편으로는 그가 혹시 '포격술의 전문가'였는지도 모른다는 가능성을 제시하였다.

전쟁에 화약이 도입된 결과 전투의 방법에서 엄청나게 큰 변화가 일어났다. 특히 1500년 무렵에 손으로 들고 쏠 수 있는 화기가 사용되면서 더욱 그러했다. 그 이전에 사용되던 석궁이라든가 **파성퇴**는 보다 강력한 무기로 점차 대체되었다.

파성퇴란? 성곽을 파괴하는 커다란 망치.

초기의 대포 가운데서 가장 유명한 것은 마호메트 2세가 1453년에 콘스탄티노플(Constantinople)의 포위 공격 때 사용한 것이다. 전설에 따르면 그 대포는 300kg 이상이나 되는 큰 돌덩이를 수백 m 멀리까지 던졌고, 그 돌은 땅에 떨어져서 2m 깊이까지 땅 속으로 묻힐 정도였다고 한다.

한편 이 대포를 끄는 데는 30개의 수레를 이어 놓고, 그것을 60마리의 수소로 하여금 끌게 했다고 한다. 양쪽에 각기 200명의 병사들이 정렬하여 대포가 옆으로 쓰러지지 않도록 하고, 앞에는 250명의 노무자들이 행진하여 길을 평평하게 고르고 다리를 고치는 일도 하였다고 한다.

콘스탄티노플은 포위 공격을 막기 위해 세 겹으로 두터운 성벽을 쌓고 있었으나, '세계 최초의 포병 대장' 격이 된 마호메트 2세는 이와 같은 거포를 씀으로써 누워서 떡 먹기로 그 곳을 함락시킬 수 있었다.

화약이 역사에 끼친 영향

화약과 총포가 쓰이게 된 뒤로는 전쟁을 즐겨 한 대귀족들의 영향력도 점차로 감퇴하였다. 총포와 화약은 값이 매우 비싸므로 '사설 군대'를 유지할 만큼 여유 있는 영주가 거의 자취를 감추었다. 영국을 비롯한 그 밖의 많은 나라에서 처음에는 국왕이, 나중에는 의회가 세금이나 국고 수입을 재정적 배경으로 하여 군대를 지배하게 되었다.

한편 문명국이 토착민들을 상대로 싸울 때도 화약의 사용이 크게 유용하였다. 16세기에 에스파냐 인들은 순식간에 남아메리카를 정복하였다. 그들이 빠른 시간 안에 정복 활동을 마칠 수 있었던 주된 까닭으

피사로는 코르테스와 함께 인디오 문명을 파괴한 두 인물로 꼽힌다. 멕시코 중부의 건조한 지역에서 유목 생활을 하던 아스텍족은 마야 문명을 이어받아 높은 수준의 고대 문명을 이루었다. 그러나 1519년에 에스파냐의 코르테스에 의해 정복당하여 문명이 파괴되었다. 13세기에서 16세기 중엽에 페루를 중심으로 잉카 문명이 꽃피었다. 잉카족 사람들은 대규모의 관개 시설을 농업의 바탕으로 삼았고, 정치 조직과 사회 제도가 매우 발달되어 있었다. 또한 건축 토목 기술이 고도의 수준에 이르러서, 도시 계획에 바탕을 둔 대규모의 석조 건물과 도로망을 가지고 있었다. 그러나 이러한 문명도 1533년에 에스파냐의 피사로에게 정복되어 멸망하고 말았다.

로는 그들이 총포와 화약을 사용했다는 점을 들 수 있다. 불을 뿜는 무기 앞에서 원주민들의 활과 창 같은 구식 무기는 거의 쓸모가 없었던 것이다.(제7장 참조)

처음으로 화약이 쓰인 시절에는 비난의 소리가 높았다고 한다. "전 이탈리아는 정정당당한 싸움에 대한 명백한 위반이라 하여 화약의 사용을 고발하였다."라고 기록된 일이 있는가 하면, '악랄한 초석'이나 '기사답지 않은 새로운 전투 방식'에 대하여 목청 높이 항의한 일도 있었다.

1500년 무렵의 어느 저명한 저술가는 대포에 대한 당시 사람들의 의견을 다음과 같이 요약한 바 있다.

인간을 파괴하기 위해서 고안된 것 중에서도 가장 극악무도한 것은 대포였다. 이것은 이름도 변변히 알려지지 않은 한 독일인에 의해 발명되었다.

이렇게 해로운 발명에도 불구하고 그는 자신의 이름이 알려지지 않은 행운을 누렸다. 그렇지 않았다면 그는 이 역겨운 발명에 대해서 인간 세상이 존속하는 한 두고두고 비난과 저주를 받았을 것이 틀림없다.

　16세기에 와서도 새로운 파괴 무기의 출현은 역시 놀라움과 고통과 비난을 함께 불러일으켰다. 훨씬 뒷날인 1915년에 독가스(21장 참조)가 처음 사용되었을 때, 1945년에 원자 폭탄이 출현했을 때도 그와 똑같은 일은 되풀이되었다.

돼 지 는 살 찌 고 사 람 은 죽 고

안티몬의 기원

그 진 위 를 둘 러 싸 고

안티몬(Antimon, 또는 Antimony)은 푸르스름한 은백색의 광택이 나는 금속 원소다.

처음 발견된 것은 중세에 접어들어서인데, 그 화합물 가운데서도 특히 유황과의 화합물은 고대부터 알려져 있었다. 오래 된 역사책에도 안티몬이라는 말이 곧잘 등장하는데, 그것은 대개 안티몬 자체가 아니라 그 황화물을 가리킨다.

어느 유명한 화학사 연구가의 말에 따르면, 안티몬의 황화물은 이렇게 이용되었다 한다.

아시아의 귀부인들은 이것을 눈꺼풀 안에 검게 칠하였다. 예컨대 이스라엘의 왕비 이세벨(Jezebel, ?~기원전 843년)은 국왕 아합(Ahab, 기원전 877년~기원전 856년)이 찾아올 때면 얼굴에 분을 바르고 눈꺼풀에는 안티몬의 황화물을 발랐다고 전해진다.

성서 〈에제키엘(Ezekiel)〉에 나오는 여인들도 그런 화장을 했다. 안티몬으로 눈을 검게 칠하는 이 관습은 아시아에서 그리스로 전해졌다. 무어(Moor) 인들이 에스파냐를 점령하고 있던 기간에는 에스파냐의 귀부인들도 안티몬을 사용해 화장을 했다.

안티몬이란 이름의 유래에 대한 유명한 이야기가 전해지고 있다. 이 이야기 안에는 가장 유명한 연금술사 중 한 사람-실재의 인물인지, 전설적 인물인지 분명치 않으나-이 등장한다.

돼지는 살찌고 사람은 죽고

15세기, 바실 밸런타인(Vasil Valentine)이라는 연금술사가 작센(Sachsen) 의 도시 에르푸르트(Erfurt)의 한 수도원에 살고 있었다. 그는 베네딕토회 에 속하는 학식 많은 수사였다.

중세 시대의 연금술사들은 으레 본명을 숨기고 기발한 가명을 쓰는 것이 관습이었다. 이 화제의 주인공인 수사가 스스로 일컫은 가명은 유별나게 거창한 뜻을 지니고 있었다. 바실은 '왕'을 뜻하는 그리스 어 이며, 밸런타인은 '강대하다'는 뜻의 발렌티노란 말에서 온 것이었다. 그러니까 그의 이름은 '대왕', 즉 '연금술사의 왕'이라는 뜻이다.

바실 밸런타인은 뛰어난 연금술사였다. 그의 저서에는 당시의 화학 지식이 하나도 빠짐없이 요약되어 있다. 이 원고에 관한 전설이 하나 내려온다. 그는 죽음 직전에 그 원고를 에르푸르트 대성당의 제대 뒤 대리석 탁자 밑에 숨겨 놓았다. 그 원고가 읽혀질 시기가 오면, 기적적 으로 사람들 눈앞에 꺼내어질 것으로 믿고 일부러 숨긴 것이었다.

훨씬 뒷날에 드디어 그 때가 오게 되었다. 대성당에 벼락이 떨어져

벽이 무너지고 그 원고가 나온 것이다.

밸런타인은 수도원에서 수사들의 병을 고치는 방법을 찾다가 의학을 연구하였다. 그는 병을 치료하기 위해 적합한 약초를 찾고자 애썼다. 그러나 약초는 찾지 못하고 약초의 연구에서 한걸음 나아가 연금술에 미치다시피 열중하게 되었다. 따로 실험실이 있는 것도 아니라서, 대부분의 실험이 자신의 거실에서 이루어졌다.

에르푸르트의 수도원은 여느 베네딕토회 수도원과 마찬가지로 밭을 갈고 가축을 키우며 자급자족의 공동체를 이루었다. 가축은 수도원 안에 풀어 놓은 채 길렀다. 가축들은 매일 땅바닥 위에서 먹이를 찾아 돌아다녔다. 심지어 사람들이 버린 것도 가축들에게는 소중한 식량이 되었다.

당시의 사람들은 쓰레기통을 사용하지 않았다. 쓰레기는 창이나 문밖으로, 또는 길거리나 집 근처의 빈터에 내버리기 마련이었다. 어느 누구도 쓰레기를 청소할 생각이 없었으므로 쓰레기는 버려진 그 지점에 항상 그대로 남아 있었다.

밸런타인 또한 실험에 쓰인 물건이나 쓰다 남은 찌꺼기 따위를 으레 창 밖으로 내버리곤 했다. 그래서 그의 창 밑에도 역시 쓰레기가 산더미처럼 쌓여 있었다.

어느 날 밸런타인은 돼지들이 창가 아래서 쓰레기더미에 주둥이를 들이박고 무엇인가를 열심히 먹고 있는 모습을 보았다. "저놈들이 저걸 먹어서 어쩌나." 하는 염려로 밸런타인은 계속해서 돼지들을 관찰

돼지를 관찰하는
밸런타인

하였다. 평소에 먹지 않던 것을 먹으니 틀림없이 배탈을 일으키고 말
리라 생각한 것이다.

그러나 놀랍게도 쓰레기는 돼지들에게 아무런 해도 주지 않았다. 그
러기는커녕 오히려 돼지에게는 매우 유익한 먹이가 된 모양이었다. 바
짝 말라 있던 돼지가 살이 피둥피둥 찌고 더욱 튼튼해졌다.

밸런타인은 전부터 동료 수사 가운데 몸이 여위고, 늘 피로에 지쳐
있으며, 영양 실조로 의심되는 몇 명을 눈여겨보아 오고 있었다. 돼지
들의 경험에 비추어 그는 이 쓰레기가 병약한 수사들의 치료에도 효험

이 있을 거라고 믿게 되었다. 그래서 실험실의 쓰레기 일부를 그들에게 먹여 보았다.

그러나 불행하게도 수사들에게는 그 쓰레기가 소용이 없었다. 그들의 몸은 쓰레기를 먹기 전의 돼지들처럼 여위기만 한 정도가 아니었다. 실제로 건강이 나쁜 상태였으므로, 이 새로운 약은 그들에게 지나친 독이 되었다. 몸이 건강치 못한 수사는 몸에 가해진 충격을 견뎌 내지 못하고 대부분 목숨을 잃고 말았다.

이렇게 동료 수사들을 중독시킨 경험은 밸런타인을 매우 괴롭게 하였다. 그는 장차 이와 같은 사고가 일어나지 않도록 방지하기 위해 누구라도 독성을 알아볼 수 있도록 그 쓰레기에 이름을 붙였다. 그 결과로 선택된 명칭이 안티몬이었다. 안티(anti)는 '거스르다', '반대하다' 라는 뜻이며, 무안(moine)은 '수사' 라는 말이다. 두 말을 합치면 "수사를 거부한다."는 뜻이 된다.

그 무서운 비극이 있은 뒤 밸런타인은 안티몬을 신중히 연구하였다. 그 결과 안티몬의 분량이 적으면 매우 잘 듣는 약이 된다는 사실을 알게 되었다.

그 진위를 둘러싸고

안티몬이라는 이름의 기원을 설명하는 이 이야기는 오늘날에 와서 조작된 이야기로 여겨진다. 안티몬이라는 말은 11세기부터 이미 사용되고 있었기 때문이다. 더구나 이 이야기에서 안티몬이라는 말이 '안티'와 '무안'의 두 낱말로 이루어졌다고 했지만, '무안'은 프랑스 어인데, 밸런타인은 독일인이었다.

이 이야기가 오랫동안에 걸쳐 전해져 온 이유 중 하나는 밸런타인이 쓴 책에서 찾아 볼 수 있다. 그 책에 씌어 있는 다음의 한 구절을 읽으면, 이 이야기를 만들어 내기가 무척 쉬웠을 거라고 예상할 수 있다.

만일 돼지를 살찌우려면 며칠 동안 안티몬 0.5드램(dram, 무게의 단위. 약 3.887g)을 주어서 그릇의 밑바닥까지 고스란히 먹여라. 그렇게 하면 돼지는 더욱 많이 먹고, 더욱 빨리 살찌며, 돼지가 걸리기 쉬운 담즙질▪, 또는 나병 같은 질병에도 걸리지 않을 것이다.

그러나 나는 안티몬을 사람에게 복용시키는 것을 주장하지 않는다. 짐승은 날고기라든가 그 밖에 인간의 위가 소화할 수 있는 능력 이상의 것을 아무 탈 없이 소화할 수 있기 때문이다.

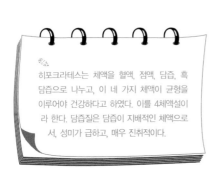

히포크라테스는 체액을 혈액, 점액, 담즙, 흑담즙으로 나누고, 이 네 가지 체액이 균형을 이루어야 건강하다고 하였다. 이를 4체액설이라 한다. 담즙질은 담즙이 지배적인 체액으로서, 성미가 급하고, 매우 진취적이다.

우리는 사람이 안티몬을 다량으로 섭취해서는 안 된다는 경고에 주목할 수 있다. 밸런타인은 그로 일해 유발되는 결과를 그는 체험으로 알았는지도 모른다.

　오늘날의 많은 역사학자들은 이 사건이 실제로 일어났느냐 아니냐를 떠나, 밸런타인이라는 사람의 실재 여부에도 의문을 던지고 있다. 한 역사가는 이렇게 적고 있다.

밸런타인의 저서는 복사본을 통해 외국에도 보급되었다. 그 책은 막시밀리안 1세(Maximilian I, 1459년~1519년: 신성 로마 제국의 황제)의 흥미를 매우 자극하였다. 황제는 1515년에 이 유명한 저자가 베네딕토회의 어느 수도원에 있었는가를 조사하고자 하였다. 그러나 불행히도 황제의 노력은 아무런 결실도 맺지 못하였다. 그 뒤에도 몇 차례 같은 일이 시도되었으나, 역시 성과는 없었다.

　또다른 저술가는 밸런타인이 지었다고 알려진 책은 의심할 것도 없이 거짓이라고 주장한다. 거기에는 밸런타인이 죽었다는 해로부터 100년, 또는 그 이상이 지나서야 간신히 발견된 사실이 몇 가지 실려 있다는 것이다.

06

명반과 교황 그리고 국왕

영 국 인 이 명 반 의 비 밀 을 훔 치 다

국 왕 을 상 대 로 한 싸 움

세 명 의 채 로 너

명반(백반)은 지금으로부터 500년 전쯤부터 알려졌다. 명반은 명반석이라는 특수한 돌에서 채취된다. 명반석은 세계의 몇몇 군데에서 지면의 바로 밑에 쌓인 상태로 산출된다. 캐내기도 쉽고, 비교적 간단한 공정만 거치면 명반을 얻을 수 있다.

명반은 용도가 다양하다. 그 중에서 가장 주된 용도는 염색에 이용되는 것이다. 천연 상태로는 그다지 돋보이지 않던 빛깔도 명반을 사용하면 매우 선명해지기 때문이다. 또 염료에 따라서는 색깔이 천에 확실하게 물들어 아무리 빨아도 바래지 않게 하기도 한다.

15세기 무렵, 명반은 대단히 소중한 물질이었다. 유럽에서 사용하는 명반의 대부분은 콘스탄티노플에 가까이 있는 명반석 광산에서 생산되었다. 1453년에 터키 인들이 이 도시를 점령하자 즉시 이 광산을 압수하였다. 그리하여 당시의 터키는 세계 최대의 명반 생산국이 되었다.

이탈리아에서 발견된 명반석

1453년, 오스만 제국의 공격으로 비잔틴 제국이 멸망하였다. 콘스탄티노플이 함락되기 전, 그 도시에 카스트로(Castro)라는 이탈리아 인이 살고 있었다. 그는 옷감과 염료를 파는 사람이라 명반석에 대하여 어느 정도 지식을 갖고 있었다.

1453년, 그는 용케 탈출하여 고향으로 돌아갈 수 있었다. 그로부터 오랜 시간이 흘렀다. 그는 톨파(Tolfa) 가까이의 어느 언덕을 거닐다가, 풀빛이 유난히 푸른 것을 발견하였다. 콘스탄티노플의 명반석 광산 근처에서 자라는 풀과 똑같았던 것이다. 그는 신기한 일도 다 있다는 생각이 들어, 그 일대에 뒹굴고 있는 흰 돌멩이 몇 개를 집어 들고 입으로 깨물어 보았다. 그것은 마치 명반석 광산에서 흔히 볼 수 있는 돌멩이처럼 혓바닥에 짜릿한 자극을 주었다. 그래도 미심쩍어 다른 돌멩이도 깨물어 보았는데 역시 똑같았다.

그는 이 곳에 풍부한 명반석이 매장되어 있다는 확신이 들었다. 즉시 톨파를 떠나 로마 교황청에 자신의 놀라운 발견을 보고하였다.

저는 교황님께서 오스만 제국에 대해 승리를 거둘 수 있으시리라고 말씀드립니다. 터키 인은 크리스트 교도로부터 명반의 값으로 해마다 30만 장 이상의 황금을 손에 넣고 있습니다. 저는 지금 명반석을 산출하는 일곱 개의 언덕을 발견했습니다. 이 곳에는 명반석이 매우 풍부히 매장되어 있으므로 전세계에 충분히 공급할 수 있습니다.

만약 교황님께서 기술자를 파견하시어 이 고장에 가마를 설치해 주신다면, 전 유럽에 명반석을 공급할 수 있을 것입니다. 이 고장에는 나

명반과 교황 그리고 국왕

무도 풍부하고 물도 충분히 있습니다. 교황님께서는 서쪽으로 향하는 배에 짐을 실을 수 있는 항구를 가지고 계십니다. 바야흐로 교황님께서는 터키 인들에 대해 싸움을 걸 수 있게 되신 겁니다. 이 광물은 교황님께 전쟁의 양식인 돈을 공급하고, 동시에 터키 인으로부터는 그것을 빼앗게 될 것입니다.

이 편지를 받아 본 교황은 카스트로의 말을 미치광이의 잠꼬대라고 생각하였다. 추기경들도 모두 같은 의견이었다. 카스트로는 몇 번이나 퇴짜를 맞았음에도 불구하고, 교황에게 제안하기를 멈추지 않았다.

마침내 그의 열성에 교황이 설복되었다. 지난날 콘스탄티노플에서 일한 적이 있는 전문가들을 톨파로 보내 카스트로의 말이 사실인지를 조사하도록 하였다.

현지에 도착한 기술자들은 먼저 지면을 조사해 본 끝에 명반석을 산출하는 아시아의 산과 같은 지반임을 확인하였다. 그리고 그들은 기쁨의 눈물을 흘리며 세 번 꿇어앉아 하느님께 감사를 드리고, 그 같은 값진 선물을 내려주신 하느님의 은혜를 찬양하였다. 그런 뒤에 돌을 구워 보았더니 아시아의 것보다 훨씬 질이 좋은 명반이 산출되었다. ▪

톨파의 명반석은 화산의 활동이 원인이 되어 생성된 것으로서, 불순한 수산화황산칼륨에 산화철, 알루미나(alumina), 점토 등이 섞여 있다. 이것을 구우면 수분이 제거되고, 그것을 물에 녹이면 황산칼륨이 녹기 시작하나 불순물은 녹지 않고 바닥에 가라앉는다. 이 용액을 바짝 끓여서 나무 그릇에 부어 놓아 두면, 명반의 입방체 결정이 용액에서 석출(액체 속에서 고체가 생기는 현상)된다. 화학식은 $K_2SO_4 \cdot Al_2(SO_4)_3 \cdot 24H_2O$이다.

교황은 즉각 이 고장에 명반 공장을 건설하였다.

그 당시에 명반을 만드는 방법은 다음과 같다.

우선 명반석을 가마에 넣어 구운 다음 물에 담근다. 그러면 돌 속의 명반은 녹고, 불순물은 그릇의 밑바닥에 가라앉는다. 그런 다음 용액을 납으로 된 커다란 그릇에 넣고, 여기에 열을 가하여 수분을 제거한다. 충분히 끓여서 걸쭉해진 뒤 마지막으로 나무로 된 그릇에 놓아 두면 용액 속에서 결정체가 나온다.

이렇게 산출된 명반석은 전혀 흠잡을 데 없는 품질의 명반이었다. 교황 비오 2세(Pius II, 1405년~1464년)는 이 일이 교황청에 막대한 이익이 됨을 깨달았다. 그는 당장 톨파에서 800명 이상의 일꾼을 고용하여 명반 제조에 종사하도록 하였다.

교황이 바뀌어 율리우스 2세(Julius II, 1443년~1513년)의 시대가 되었다. 그 때까지 교황청은 수년 동안 명반 공장을 통해 해마다 어마어마한 수입을 거둘 수 있었다.

율리우스 2세는 이 자금을 터키와 싸우는 데 사용할 작정이라고 설명하고, 명반을 제조할 권리는 교황만이 소유할 수 있다고 선포하였다. 즉 어느 누구라도 교황의 허락 없이 명반을 제조하지 못하도록 규정한 것이다.

또한 명반을 터키 인으로부터 사는 행위까지도 범죄로 취급하였다. 이를 어길 시엔 모두 파문되기에 신앙심 깊은 카톨릭 신자라면 누구나가 매우 무서워하였다.

영국인이 명반의 비밀을 훔치다

한편, 로마 교황에 맞선 프로테스탄트 쪽에서는 교황이 화를 내건 파문을 하건 조금도 개의치 않았다.

그런 가운데 어느 영국인 개신교도가 교황의 위협에도 아랑곳하지 않고 영국에 명반 공장을 세운 이야기가 있다. 이 이야기의 앞부분은 카스트로가 톨파 언덕을 발견했을 때와 매우 유사하다. 주인공인 영국인은 학식 있는 생물학자 토머스 채로너(Thomas Chaloner)다.

토머스 채로너는 요크셔의 구이즈보로(Guisborough) 근처에 있는 일부 나무들의 잎이 유별난 초록빛을 띠고 있음을 관찰하였다. 떡갈나무의 뿌리는 옆으로 넓게 퍼져 있으나 땅 속 깊이 파고 들어가지는 않았다. 줄기도 꽤 튼튼하였지만 즙액은 적었다. 흙은 흰 점토로 황색과 청색의 입자가 섞여 있으며, 겨울에도 땅이 결코 얼지 않았다. 맑은 날 밤이면 그것은 유리처럼 반짝거렸다.

토머스 채로너는 이탈리아의 명반석 광산 지방에서도 그와 똑같은 경치를 본 적이 있었다. 그래서 이 고장 일대에도 명반석이 묻혀 있지 않을까 하는 생각이 들었다.

시험해 본 결과, 기쁘기 그지없게도 귀중한 명반석이 대량으로 매장되어 있다는 사실이 확실해졌다.

채로너는 그 고장에 명반 공장을 세우겠다고 결심하였다. 그러자니 명반을 제조하기 위해 로마 교황이 어떤 방법을 쓰고 있는지 알아 내야 했다.

그렇지만 그 비밀을 알아 내는 것은 여간 어려운 일이 아니었다. 교황의 공장에는 외국인을 일체 출입시키지 않을 뿐더러, 그 비밀에 싸인 제조 방법을 훔쳐 내려는 행위가 발각되면 누구라도 가차없이 사형에 처해지고 있었던 것이다.

채로너는 체포될 각오를 하고 이탈리아로 갔다. 그러고는 명반 공장에서 일하는 기술자 두세 명을 돈으로 매수하여 영국으로 데려왔다.

이 때 그는 기술자들을 '영국행'이라는 꼬리표가 붙은 커다란 통 속에 숨겼다고 전해진다. 항구의 검사관은 통 속에 사람이 들어 있으리라고는 꿈에도 생각지 못하였다. 검사관은 아무런 의심도 없이 곧 기항한 영국의 돛배에 그것을 싣게 하였다.

이탈리아 기술자들은 명반 공장을 짓고, 그 고장 사람들에게 새로운 기술을 가르쳤다.

뒤늦게 이 사실을 안 로마 교황은 채로너와 그를 따라 탈주한 이탈리아 인들에 대해 당시 알려져 있던 저주의 말 가운데서도 최고로 지독한 욕설을 퍼부었다. 그것은 수세기 전에 수사 에르눌푸스(Ernulphus)가 처음으로 입에 담은 것으로, 머리끝에서부터 발끝까지 더없이 끔찍스러운 말로 저주하는 것이었다.

교황이 저주의 말을 하거나 말거나, 채로너는 착착 일을 추진해 갔다. 그 새로운 사업은 번영일로를 치달았다. 더욱이 국왕이 영국에서

통 속에 숨고 있는 이탈리아 인 기술자

의 명반 제조에 대한 전매 특허권을 채로너 일족에게 주면서부터는 더욱 그러했다.

그러다 국왕이 바뀌어 찰스 1세(Charles I, 1600년~1649년)의 시대가 되자, 일은 야릇하게 꼬였다. 새 국왕은 돈이 필요한 나머지 명반석 광산을 왕실의 것으로 만들려고 결심했다.

결국 찰스 1세는 명반석 광산을 '왕실 소유'라고 선언하였다. 이로써 왕실 재산인 명반석 광산에서 발생한 이익은 모두 국왕의 금고로 들어가게 되었다.

국왕을 상대로 한 싸움

채로너 일족은 귀중한 수입원을 잃고 매우 화가 났지만, 당시는 힘이 없어서 아무런 손도 쓸 수 없었다. 그러다 1641년 의회가 국왕에 대한 반란을 일으켜 격렬한 싸움이 일어났을 때, 채로너 일족은 국왕에 복수할 기회가 왔다고 판단하여 의회 쪽에 가담하였다.

흔히 '명예 혁명'과 더불어 '영국 혁명'으로 불리는 17세기의 '청교도 혁명'이다.

널리 알려진 바와 같이 찰스는 패배하여 1649년에 '폭군, 반역자, 살인범, 영국의 공적'이라는 죄명으로 재판에 회부되었다. 그 재판은 웨스트민스터(Westminster)에서 열렸다. 특별히 임명된 135명의 판사들이 재판을 진행하였다. 찰스는 그들에게 자신을 재판할 권리가 없다며, 항변하려고 하지도 않았다.

마침내 찰스에게 사형이 선고되었다. 그 처형을 인가하는 사형 명령서에 서명한 판사들은 고작 59명뿐이었는데, 그 가운데 '토머스 채로너'가 끼여 있었다.

찰스의 사형으로 이야기는 끝났음직하지만 전설은 더 이어진다. 혁명의 소용돌이 속에서 토머스 채로너는 크롬웰(Oliver Cromwell, 1599년~1658년)에 의해 맨 섬(Isle of Man)의 총독에 임명되었다. 채로너는 커다란 성에서 많은 신하들에 둘러싸여 호사스러운 삶을 누렸다.

그러던 1660년, 스튜어트 왕조가 부활하여 찰스 2세(Charles Ⅱ, 1630년 ~1685년)가 왕위에 올랐다. 찰스 2세는 부왕에게 반역한 사람 모두를 용서하는 데는 동의하였으나, 사형 선고를 내린 판사들만은 용서하지 않았다.

이 때 맨 섬에 있던 채로너는 병사들이 그를 체포하러 온다는 소식을 들었다. 그는 전부터 우려해 온 일이 끝내 벌어지고 말았구나, 하며 체념하였다. 채로너는 몸종에게 물을 떠 오게 한 다음, 최악의 사태에 처했을 때 쓰려고 준비해 두었던 독약을 타서 마셔 버렸다.

왕의 군사들이 성 안에 들어왔을 때, 채로너는 이미 이승 사람이 아니었다.

세 명의 채로너

명반과 관련된 이들 이야기에는 실화와 낭설이 뒤죽박죽되어 있다. 이탈리아에서 명반이 발견된 이야기는 당시의 교황 비오 2세가 기록에 남기고 있으므로 일단 진실로 볼 수 있다. 반면에 채로너가 명반석을 우연히 발견한 이야기는 카스트로의 발견담과 흡사한 점으로 보아 최초의 발견이 이 둘째 이야기에 응용되어 꾸며진 것으로 볼 수 있을 것이다. 그러나 채로너가 엘리자베스 1세, 또는 찰스 1세 시대에 구이즈보로라는 고장에 명반 공장을 건설한 것은 사실로 알려져 있다. 또 그것이 찰스 1세 시대에 왕실 재산으로 넘어간 것도 사실이다.

어느 역사학자는 그 이야기의 여타 부분은 시대적으로나 등장 인물에 관해서나 잘못 투성이라고 주장한다. 그는 세 명의 채로너를 혼동하여 꾸며진 이야기라고 지적한다.

첫째는 공장을 창설한 토머스 채로너 경이 있다. 다음으로는 그의 아들 토머스가 있다. 그는 뛰어난 학자였으며, **장기 의회**의 의원이자 찰스 1세를 재판한 판사 가운데 하나이기도 하였다. 찰스 1세를 처형하는 명령에 서명한 것도 이 채로너였다. 세 번째 채로너는 그의 아우 제임스다. 그 또한 국회 의원이었고, 국왕을 재판한 판사 중의 하나였다.

장기 의회란?
찰스 1세가 1640년에
소집한 의회.

이렇듯 채로너 일족이 의회에 편들어 혁명에 참여한 것은 사실인데, 그것이 명반 공장을 둘러싼 부당한 처사에 대한 반발이 이유였음은 충분히 짐작할 수 있다.

1660년의 왕정 복고 때 토머스 채로너 경은 이미 죽고 없었다. 그리고 아들 토머스는 찰스 2세 시대에 네덜란드로 달아나 살다가 그 곳에서 생애를 마쳤다. 나머지 제임스 채로너만은 이 이야기에서처럼 맨섬에서 살았고, 실제로 런던으로 소환되었다. 그는 국왕의 처형 때 지도적 구실을 한 처지여서 후환이 두려워 독약을 마시고 자결했다.

이러고 보면 이 명반 이야기의 뒷부분은 토머스 채로너 경과 그의 두 아들인 토머스와 제임스의 생애 가운데서 에피소드를 갖다 맞추어 꾸민 전설적 이야기라고 해야 할 것이다.

태 양 신 을 섬 긴 멕 시 코 원 주 민

화약과 화산

멕 시 코 를 정 복 한 코 르 테 스

화 약 을 찾 아 서

불 을 뿜 는 포 포 카 테 페 틀

화 구 에 서 유 황 을 긁 어 내 다

태양신을 섬긴 멕시코 원주민

콜럼버스(Christopher columbus, 1451년~1506년)가 처음으로 서쪽의 신세계로 항해하고 나서 불과 수년 뒤, 에스파냐 인들은 아메리카 대륙 본토에 식민지를 건설하기 시작하였다. 1518년에는 멕시코에 정착하여 식민지를 만들고자 하였다.

그들은 멕시코의 원주민들이 그 때까지 여러 섬에서 보아 온 거칠고 미개한 토인들보다 훨씬 고도의 문화를 지닌 것을 보고는 몹시 놀랐다. 대륙 본토의 주민들은 훌륭한 생활 양식을 가졌고, 제대로 구성된 정부와 건전한 법률 체계를 갖추었다. 그리고 그들이 받드는 전제 군주는 장엄하고 화려한 석조 궁전에서 신하들의 시중을 받으며 호화로운 생활을 누렸다. 또 평민들은 저마다의 직업을 갖고, 구리, 주석, 금, 은 따위를 사용하고 있었다.

국왕은 경험이 풍부한 전사였고, 병사들은 용감하여 무서움을 몰랐다. 싸움터에서 쓰러져 죽으면, 그길로 빛나는 태양의 집으로 보내져서 행복한 삶을 누린다고 믿었기 때문이다.

장군들은 금과 은으로 만든 장식품을 달았다. 그리고 두께 5cm나 되는 이불과 같은 재료로 만들어진 상의를 입고 있었는데, 이것은 날아오는 화살로부터 몸을 보호해 주었다.

그 밖의 일반 병사들은 싸움터로 나가기 전에 그림 물감을 온몸에 발랐다. 돌이나 뼈로 된 살촉을 붙인 화살과 청동의 쇠붙이를 단 창, 또는 나무 몽둥이 끝에 뾰족하게 간 돌을 두 줄로 붙인 무기를 가지고 적과 싸웠다.

멕시코를 정복한 코르테스

1518년 에스파냐의 쿠바 총독 벨라스케스(Velazquez de Cuellar, 1464년경~1524년)는 멕시코를 점령하기 위해 젊은 에스파냐 인 장군 코르테스(Hernan Cortes, 1485년~1547년)를 파견하였다.

코르테스는 600명 내지 700명의 병사에 열여덟 마리의 말과 서너 개의 대포뿐인 소규모 병력을 이끌고 멕시코로 갔다. 수천 명의 야만인을 상대하는 데는 이만한 소병력으로도 충분하다고 여겼기 때문이다. 설마 조직된 병사들을 갖춘 민족이 있으리라고는 아무도 생각하지 못했다.

코르테스는 그 해 11월에 일곱 척의 범선으로 편성된 선대를 이끌고 출범하였다. 갖은 모험 끝에 대륙에 도착하여, 베라크루스(Veracruz)

라는 도시를 건설하였다.

　코르테스는 퇴각을 불가능하게 하기 위해 배를 모두 부수어 버렸다. 부하들은 배수진에 직면하여, 정복하느냐 죽느냐 중 어느 한쪽 밖에 없다는 것을 깨달았다.

　원주민들이 비록 죽음을 두려워하지 않는다고는 하지만 대포와 소총을 상대로 오래 싸울 수는 없었다. 1521년, 그들의 수도 멕시코는 함락되었다. 그에 이어, 전국이 코르테스의 지배 아래 들어갔다.

　정복자들은 즉시 멕시코의 폐허 위에 새로운 도시를 세우도록 명령하고, 이를 요새로 만들고자 하였다.

그러나 사정은 뜻하지 않게 변하여 정복자들에게 불리한 방향으로 전개되었다. 총포와 탄약의 부족이 심각한 사태를 몰고 온 것이었다. 사실 총독 벨라스케스는 코르테스의 성공을 시샘할 뿐만 아니라 심한 적의를 품고 있었다.

또 이들의 탐험을 감독하는 본국 에스파냐의 식민 장관도 코르테스에게 호의적이지 못한 태도를 보였다. 결국 이들 권력자는 코르테스가 총포와 화약의 결핍으로 곤경에 처한 사정을 모른 체하며 내버려두고 있었다.

코르테스는 당황하였지만 어떻게든 난관을 뚫고 나가기로 각오하였다. 그는 결국 에스파냐로부터 총포와 화약을 공급받지 못하게 되자, 현지에서 조달하기로 결심하였다. 그러나 이 과제는 힘겨운 일이었다. 화약을 만든다는 것은 일찍이 생각해 보지도 못한 일이었고, 더욱이 유럽 인들이 대포와 탄환을 만드는 데 사용하는 쇠는 당시 멕시코에서는 발견되지도 않았다.

그래도 코르테스는 절망하지 않았다. 쇠를 쓰지 못한다면 대신에 청동을 쓸 수 있는지 알아보았다. 그는 멕시코 원주민들이 구리와 주석으로 청동을 만들고, 그것으로 물건을 만드는 것을 눈여겨보았다.

멕시코에서 구리는 얼마든지 산출되었다. 따라서 주석도 자연히 산출될 것으로 코르테스는 추정하였다. 원주민들은 주석으로 적은 양의 청동을 만들 뿐 아니라, 주석 판을 T자 모양으로 잘라 화폐로도 사용하고 있었다.

마침내 주석이 풍부하게 매장되어 있는 곳을 알아 냈다. 코르테스는 그 곳에 광산을 개설하고 주물 공장을 세웠다. 여기서 구리와 주석을 녹여 청동을 만들고, 녹인 청동을 쇠로 된 거푸집에 흘려 넣어서 대포의 포신을 만들었다.

결국 이 공장에서 모두 30개의 대포가 제조되었다. 전부터 가지고 있던 대포와 합하면 군비로서는 충분할 것 같았다.

대포의 탄환을 보급하는 문제는 그다지 염려할 것이 없었다. 에스파냐 인들은 대게 쇠로 된 탄환을 사용하고 있었다. 그러나 당시의 어느 나라 군대에서나 필요에 따라서는 돌멩이도 쓰고 있었다. 코르테스는 따라서 무쇠 대신에 이 고장에서 나오는 석재로 포탄을 만들게 하였다.

화약을 찾아서

그러나 가장 중요한 것은 화약이었다. 화약은 목탄과 유황 및 산소를 많이 함유하고 있는 초석을 섞어서 만든다. 화약에 불을 붙이면 초석에서 나오는 산소 때문에 목탄과 유황이 불타고, 순간적으로 대량의 가스를 발생시킨다. 이처럼 대량의 가스가 대포의 포신과 같은 좁다란 공간 속에서 발생하면 그 둘레에 매우 강한 힘을 미친다. 그 강력한 힘

목탄 제조 과정을
지켜 보고 있는
코르테스

으로 포신 속에 있는 탄환을 밀어 내어 포구로 힘차게 날려 보내는 것
이다.

그 시절의 목탄 제조법은 코르테스와 부하 하나가 잘 알고 있었다.
세 개의 굵고 긴 통나무를 세모꼴로 엮어서 숲 속 빈터에 뉘어 놓는다.
세모꼴의 중심에는 긴 기둥을 깊이 박고 곧추세운 다음 잔가지를 다
잘라 낸 통나무들을 세모꼴 위의 기둥 둘레에 쌓아올린다. 이렇게 쌓
은 통나무의 더미 위로 흙을 덮는다.

그러고는 이 통나무 더미의 밑바닥에 불을 지핀다. 통나무는 차례로
타지만, 흙으로 흠씬 덮어서 공기가 통나무들 사이를 자유롭게 유통할
수 없기 때문에 완전히 타지는 않는다. 대개는 검게 그을릴 뿐이므로

재가 되지 않고 목탄이 된다. 코르테스는 이 방법으로 손쉽게 대량의 목탄을 마련할 수 있었다.

초석은 따뜻한 지대에서는 천연적으로 산출되는데, 그것은 땅의 표면에 엷은 층을 이루거나 흙의 위층에 섞여 존재한다. 초석이 섞인 흙을 물에 넣으면 초석만 녹아서 나오므로, 이 용액을 걸러 내어 쉽게 초석의 결정체를 만들 수 있다. 코르테스는 멕시코시 일대의 흙과 많은 굴 속에서 초석을 대량으로 채굴할 수 있었다.

불을 뿜는 포포카테페틀

코르테스가 유황을 어떻게 입수할 수 있었는가에 관한 매우 흥미로운 이야기가 있다.

화약이 떨어지기 몇 해 전, 코르테스와 그의 부하들은 진군 도중에 인디언들이 '포포카테페틀(Popocatepetl)'이라는 몹시 높은 산 곁을 지난 일이 있었다. 포포카테페틀은 '연기를 내뿜는 산'이라는 뜻으로, 활화산이었다.

원주민들은 존경심과 공포감을 가지고 이 산을 바라보았고, 그를 둘러싸고 수많은 전설이 태어났다. 어떤 이는 이 산에 고약한 지배자의 넋이 살아, 그 넋이 고통스러워하며 소리 높여 울부짖는다고 믿었다. 또다른 이는 신이 사는 곳이라고 생각했다. 원주민들은 이렇듯 불가사의하고 무서운 산에 올라가려고 하지 않았다.

1519년, 코르테스가 처음으로 이 화산에 접근했을 때는 마침 활발한 활동 상태였다. 화구는 불길과 함께 화산재와 연기를 하늘로 내뿜고 있었다. 에스파냐 인들은 원주민들이 감히 이 산에 오르려 하지 않는 까닭을 쉽게 알 수 있었다.

결국 선장 한 명과 두 명의 선원이 대표가 되어 올라가기로 하였다. 그것은 원주민들에게 에스파냐 인들이 그들보다도 우수한 인종임을 과시하기 위해서였다. 원주민 몇 명도 하는 수 없이 에스파냐 인들을 따라 내키지 않는 걸음으로 출발했다.

그러나 원주민들은 산허리의 한 지점에서 걸음을 멈추고는 더 이상은 올라가려 하지 않았다. 그 곳은 전설 속에서 여러 신들이 사는 집의 어귀라고 알려진 지점이었다.

에스파냐 인들은 원주민들이 보인 공포감을 뿌리치며 더욱 높이 올라갔다. 그러나 그들 또한 산꼭대기에 이르기 전에 되돌아가지 않으면 안 되었다. 화산은 불길과 더불어 유황 냄새가 지독했고, 화산재와 연기를 잔뜩 내뿜고 있는데다가, 정상은 눈과 얼음으로 덮여 있어서 도저히 올라갈 수가 없었다. 결국 그들은 눈과 얼음의 조각만을 채취하고 돌아왔다.

코르테스를 비롯한 일동은 채취해 온 얼음을 보고 크게 놀랐다. 이 나라는 적도 가까이에 자리하고 있으므로 매우 더운 고장인 줄만 알고 있었기 때문이다. 코르테스는 적도 바로 아래라도 까마득히 높은 지점에서는 빙점 이하로 온도가 내려간다는 사실을 모르고 있었다.

화구에서 유황을 긁어 내다

1521년 코르테스는 포포카테페틀 산에 올라갔던 탐험대가 유황 냄새가 나는 구름을 만났다는 말이 생각나서, 당연히 그 산 위에는 유황이 있으려니 추정하였다. 그러나 그런 장소에서 유황을 채취하기란 매우 위험했다.

코르테스가 지휘하는 군대 안에는 위험을 무릅쓰고 임무를 수행할 용감한 병사들이 여럿 있었다.

군대의 힘을 좌우하는 화약이 절망적으로 부족한 상황이 되자 코르테스도 마음을 굳혔다. 그는 프란시스코 몬타나(Francisco Montana)를 대장으로 임명한 뒤, 엄선한 네 명의 병사를 지휘하여 그 산을 오르도록 명령하였다.

다행히 이 때는 화산의 활동이 멈춰서 이번 탐험에서는 화산재와 연기의 폭풍우를 만나지 않고 올라갈 수 있었다. 험난한 행군 끝에, 마침내 정상에 올라 화구의 가장자리에 이르렀다.

눈앞에는 커다란 심연이 뻥 뚫려 있었다. 화구는 불규칙한 모양으로 지름이 300m 내지 700m나 되었고, 깊이는 얼추 300m쯤 되어 보였다. 심연의 밑에서는 새파란 불길이 모락모락 타오르고, 유황의 증기가 뿜

화구로 내려가는
몬타나

어져 올라왔다. 증기는 위로 올라오면서 냉각되어 구멍의 벽에 고체의
유황으로 엉겨붙었다.

　　고체 유황이 화구의 가장자리에도 있나 하고 살펴보았으나 그들의
기대는 어그러졌다.

　　그런데 화구의 안쪽 깊숙한 곳에 유황덩이가 수없이 쌓여 있었다.
그들은 이것을 어떻게 해서라도 잘라 가져가야 했다. 물론 화구 속으
로 내려가는 데에는 무서운 위험이 따랐다. 그래도 누군가가 내려가야

했기에 의논 끝에 제비를 뽑기로 하였다.

몬타나 대장이 제비에 당첨되었다. 이들 탐험대는 운반용으로 가지고 온 바구니를 이용하기로 하였다. 그 바구니에 밧줄을 매고, 몬타나는 바구니 속에 타고 내려가기로 하였다.

몬타나는 기꺼이 그 임무를 수행하였다. 약 130m쯤 내려간 지점의 암벽에서 유황을 긁어 내어 바구니를 가득 채운 뒤, 신호를 보냈다. 그러자 위에서 기다리던 병사들이 밧줄을 끌어당겼다.

이 작업을 일곱 차례나 되풀이한 끝에, 약 150kg쯤 되는 유황이 채취되었다. 에스파냐 인들은 이 유황으로 2t이나 되는 화약을 만들 수 있었다.

이상이 코르테스가 발휘한 지략의 개요다. 그는 이렇게 해서 부족한 모든 것을 보급할 수 있었고, 그에게 악의적으로 대하던 무리의 방해를 보기 좋게 극복하였다.

코르테스는 자신이 어떻게 화약을 입수했는가를 국왕에게 보고하는 글에서, 다소 빈정거리는 투로 다음과 같이 적고 있다.

전체적으로 보아서 화약을 에스파냐로부터 수입하는 것보다 까다롭지는 않았습니다.

엡섬의 소금이 지닌 신비

엡 섬 　마 을 의 　번 영

1618년 여름, 영국의 서리(Surrey) 주에는 심한 가뭄이 들어, 구릉 지대에서는 어디나 할 것 없이 물이 부족하였다. 특히 엡섬(Epsom)이라는 조그만 마을의 가뭄은 특히 더 심하였다. 사람은 물론이고, 소도 먹을 물이 없어서 매우 고통을 겪었다.

소가 마시지 않는 물

헨리 위커(Henry Wicker)라는 농부 또한 예외일 수는 없었다. 그는 소에게 먹일 물 때문에 여간 애를 태운 것이 아니었다.

그러던 어느 날, 그는 밭을 돌아보다가 땅에 오목하게 파인 조그만 구멍을 발견하고 크게 놀랐다. 비가 안 온 지 오래 되었는데도 그 구멍 속에는 물이 가득 괴어 있었기 때문이었다.

그는 필시 구멍 가까이에 샘이 있으려니 믿고 사람들을 사서 무턱대고 그 일대를 파 보았다. 아니나다를까 샘 하나가 발견되었다. 물은 그곳에서 끊임없이 콸콸 솟아나왔다. 이로 인해 위커의 고민은 해소된 듯싶었다.

그는 소가 물을 마실 수 있을 정도의 크기로 하인들과 함께 구멍을 넓혔다. 그러고는 소들을 끌고 와서 물을 먹이려 하였다. 소들은 신나게 샘까지 갔다. 그런데 이상하게도 한 마리도 물을 마시려고 하지 않는 것이었다.

위커는 낙심하였다. 그는 물 속에 무엇인가 이상한 성분이 들어 있기 때문이라고 생각하고, 샘물의 샘플을 분석학자에게 보내어 조사를 의뢰하였다.

그 결과 샘물에는 쓴맛이 나는 명반이 함유되어 있다는 사실을 알게 되었다. ▪

결국 가축에게 물을 먹이려 한 당초의 계획은 실패했지만, 위커는 이 물에서 채취한 명반을 팔아 짭짤한 재미를 보았다.

당시 명반은 염색이나 세탁에 널리 쓰였고, 상처가 난 곳을 치료하는 데도 쓰이고 있었다.

그렇게 돈을 번 위커에게 또 하나 뜻하지 않은 행운이 찾아왔다. 1630년 여름 어느 날, 그 샘을 지나던 몇몇 사람들이 갈증을 못 이겨 쓴맛도 마다 않고 물을 마셨다. 그런데 물을 마신 사람들이 갑자기 심한 설사를 일으키는 소동을 빚은 것이다. 위커는 이 샘물에 명반 외에 또다른 성분이 섞여 있다고 추정하였다.

분석을 거듭한 결과, 오늘날 황산마그네슘이라고 불리는 물질이 함유되어 있음이 확인되었다. 황산마그네슘 역시 돈벌이가 되었다. ▪

영국에서는 오늘날에도 설사약으로 쓰이는 황산마그네슘을 '엡섬염'이라고 부른다.

샘물을 마시지 않는 황소

이 전설에도 몇 가지 유형이 있다. 그 하나는 더 예전으로 거슬러 올라가 1618년에 시작된다.

엘리자베스 여왕의 통치 시대가 끝날 무렵의 일이다. 엡섬 마을에서 서쪽 8km에 자리한 국유지에 못이 하나 있었다. 그 못의 물은 종기를 비롯한 잡다한 질병에 효험이 있다고 시골 사람들 사이에 소문이 나 있었다.

제임스 1세(James I, 1566년~1625년) 시대에 몇몇 의사들이 이 소문을 듣고 엡섬을 찾아왔다. 그들은 물을 분석해 보고 '설사를 일으키는 쓴 소금기'를 함유하고 있다는 사실을 발견하였다. 그들의 보고에 따르면 이와 같은 종류의 못은 영국에서 처음 발견된 것이라고 하였다.

그 후, 이 못에 대한 소문은 의사들에 의해 멀리까지 알려졌다. 머지않아 많은 사람들이 엡섬에 찾아와서 물을 마시게 되었다. 이에 영주는 그 못을 널빤지로 둘러싸고 방문하는 병자들을 위한 휴게소로 오두막집을 짓기로 하였다.

엡섬 마을의 번영

17세기에 씌어진 어느 기록은 엡섬까지 가서 '하늘이 주신 약수'를 마신 유명 인사들의 이름을 적고 있다. 그 중에 하나로 꼽힌 이가 찰스 1세의 장모 마리아 드메디치(Maria de Medici)다. 그 밖에도 스튜어트 왕조 시대에 사교계를 주름잡던 수많은 명사들이 그녀의 흉내를 내었다. 왕정 복고가 있은 뒤에는 넬 퀸(Nell Gwyn)이라는 사람이 이 곳에서 '메리 하우스(Merry house)'를 경영하였고, 찰스 2세도 가끔씩 찾아갔다 한다.

17세기 말엽에는 엡섬을 찾아가는 일이 더욱 널리 퍼졌다. 마을은 그런 유행 풍조의 중심을 이루었다. 길이 20m 이상의 댄스 홀을 갖춘 크고 화려한 건축물이 세워졌다. 영국에서 가장 크다고 알려진 선술집이 개장되었고, 거리는 마차나 가마를 타고 다니는 사람들로 붐볐다. 조그만 마을이 갑자기 변신하여 대단한 인기를 끌자, 아무리 새 건물을 지어도 방문객들을 모두 숙박시킬 수가 없었다.

그들은 물을 마신 뒤에도 할 일이 많았다. 아침마다 샘터에서 대규모의 공동 조찬회가 베풀어졌고, 식사 뒤에는 음악 연주를 경청하였다. 낮에는 경마를 즐겼고, 오후에는 경보, 곤봉, 레슬링, 복싱 등의 경기가 벌어졌다. 밤에는 개인적인 파티와 모임이 있었고, 트럼프놀이를 즐기기도 하였다.

경마는 으레 인기 높은 스포츠이자 구경거리였다. '더비(the Derby)'라는 이름으로 유명해진 레이스는 1780년부터 시작되었고, 그와 비슷하게 유명한 '오크스 (the Oaks, 세 살짜리 암말의 경마)'라는 레이스도 그 이듬해부터 개최되었다.▮

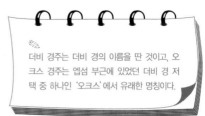

더비 경주는 더비 경의 이름을 딴 것이고, 오크스 경주는 엡섬 부근에 있었던 더비 경 저택 중 하나인 '오크스'에서 유래한 명칭이다.

이 유명한 약수를 마시고 싶지만 엡섬까지 갈 수 없는 사람들도 있었다. 그러자 물에서 황산마그네슘의 결정체를 채취하여 보내 주는 장사가 등장했다. 이런 '약'은 매우 비싸서, 티 스푼 하나에 5실링(1파운드의 1/4)이나 했다고 한다.

그러나 얼마 뒤에 이 고을의 인기는 맥없이 쇠퇴하였다. 황산마그네슘의 결정이 엡섬과는 전혀 관계가 없는 원료로도 제조되었기 때문이다. 그렇듯 인공적으로도 생산이 되니, 구태여 엡섬까지 찾아갈 필요가 없었던 것이다.

그러나 황산마그네슘 자체는 오랫동안 약용으로 널리 쓰였다. 오늘날에도 영국에서는 '엡섬염'이 설사제로서 널리 이용된다.

개의 동굴에 얽힌 수수께끼

생 체 를 실 험 한 죽 음 의 지 옥

동 굴 의 정 체

(동물을 질식시키는 독기)

'그로타 델 카네(Grotta del Cane)'는 이탈리아 어로 '개의 동굴'이란 뜻
이다. 이것은 나폴리에 가까운 아냐노(Agnano) 호 기슭에 있다. 아냐노
호는 둘레가 약 3km로 사화산의 화구에 물이 괴어 생긴 것이다. 아냐
노 호숫가에 있는 이 동굴은 매우 특이한 성질을 지니고 있어서 이토
록 특이한 이름이 붙었다. 또 '꼭 가 보아야 할 관광 명소'로 인기를
모으고 있었다. 실제로 몇백 년 동안에 수많은 사람들이 그 곳을 찾아
갔다.

아래의 인용문은 모두 18세기의 기록이다. 그 시절에 '독기' 또는
'증기' 등으로 불리던 말은 모두 오늘날 우리가 일컫는 '가스' 또는
'기체'를 뜻한다.

이 동굴 바닥에서는 희박하여 도무지 포착할 수 없는 뜨뜻미지근한 독
기가 풍겨 올라왔다. 날카로운 눈을 가진 사람만이 그것을 식별할 수
있었다. 그 독기는 이곳 저곳에서 한 덩이가 되어 솟구쳐 오르는 것이

아니라, 하나의 연속된 흐름이 되어 동굴의 밑바닥 전면에 깔렸다. 보통의 증기와는 뚜렷이 달라서 연기처럼 공중에 흩어지지 않고 솟구쳐 오른 뒤에 다시 지면으로 가라앉아 약 30cm의 높이까지 괴어 있었다. 동물의 머리가 이 높이보다 위로 나와 있는 한 그 속에 있어도 아무 지장이 없었다.

그러나 대개의 동물은 가스 밖으로 머리를 내밀 수 없어서 다음과 같은 상황이 벌어지게 된다.

우리를 생제르맹(St Germain)의 온천으로 인도해 온 사람은 이 동굴의 감시자이기도 하였다. 이 사람은 우리가 마차에 싣고 온 개를 눈여겨보고는 그것을 자신의 괴이쩍은 실험의 대상으로 쓰려 하였다. 내가 그것을 허락하지 않자, 자신이 키우고 있는 개를 잡으러 뛰어갔다.

그는 한참 만에 개를 끌고 돌아왔다. 그는 몸을 굽히고 무릎을 짚으면서 동굴 속에 들어가 쪼그리고 앉았다. 그러고는 개의 다리를 거꾸로 붙들고 한참 동안 그대로 있었다. 개는 갑자기 짖어 대면서 사시나무 떨듯 몸을 떨더니, 눈자위가 뒤집히며 껌벅껌벅하다가 혀를 축 늘어뜨리고는 마침내 까무러치고 말았다.

사나이는 그런 꼴이 된 개를 끌고 가서 약 20보쯤 떨어진 아냐노 호속으로 던져 넣었다. 개는 순식간에 의식을 되찾고 물에서 기어나왔다. 그러나 또다시 실험에 이용될까 두려워서인지 꼬리가 뻣뻣해지도록 있는 힘껏 어디론가 달아나 버렸다.

나는 개의 주인에게 물었다. 동굴에서 꺼내 온 반주검 상태의 개가 되살아난 것이 이 호숫물의 효험에 힘입어 그렇게 된 것이냐고.

그는 딱 잘라 대답하였다. 물론 개가 완전히 죽지 않은 것은 이 물 때문이며, 그것은 나뿐만 아니라 유럽 전체가 그렇게 생각한다는 것이었다.

그의 개는 동굴 속에서 어떤 변을 당할지 미리 알고 있었기에 순순히 들어갈 리가 없었다. 그래서 억지로 끌려 들어가지 않으면 안 되었는데, 관람객이 데리고 온 개의 경우는 아무것도 모른 채 주인을 따라 들어갔을 것이다. 또 동굴 속에서 사람은 아무 이상 없이 걸어다닐 수 있어도 개는 순식간에 발 밑에 쓰러져서 관람객을 놀라게 만들 것이 뻔하였다. 그 까닭은 무엇일까.

생체를 실험한 죽음의 지옥

개 외에도 다른 여러 생물들이 실험에 사용되었다. 유명한 영국의 저술가 애디슨(Addison)은 살무사를 동굴 속에 넣었을 때 어떤 일이 일어났던가를 기록하고 있다.

어떤 살무사는 첫 번째 동굴에 넣었을 때 9분간 견디어 냈고, 두 번째

개의 동굴과
아나노 호수

에는 10분 간이나 버티었다. 첫 번째 실험 뒤에 살무사를 밖으로 내놓자, 살무사는 폐 가득히 대량의 공기를 들이마셔서 평소보다 거의 두 배 크기로 몸이 불룩해져 있었다. 두 번째 실험 때 1분 간이나 더 버틴 것은 아마 이렇게 비축된 공기 때문이었을 것이다.

프랑스 왕 샤를 8세(Charles VIII, 1470년~1498년)가 1494년에 나폴리(Napoli)를 공격했을 때, 이 동굴은 그의 손에 들어갔다. 어느 날 왕은 나귀를 사용하여 실험해 보기로 하였다. 나귀는 동굴 속으로 끌려들어가서 강제로 바닥에 뉘어졌다. 나귀는 순식간에 개와 똑같은 증상을 보이더니 얼마 후에 죽고 말았다.

이 동굴에서 죽게 된 사람들도 몇 명 있었다. 로마 황제 티베리우스 (Tiberius, 기원전 42년~37년)는 두 명의 노예를 이 동굴로 들여보내 죽게 했다고 전해진다. 노예를 안으로 넣고 쇠사슬로 땅바닥에 매어 놓자 거의 단번에 죽고 말았다.

또 이보다 뒷날에 나폴리 총독이 동굴에 두 명의 사형수를 가두었더니 모두 죽었다고 보고하고 있다.

16세기에는 터키 인 포로 하나가 나폴리 총독의 명으로 동굴 바닥에 뉘어졌다. 이것은 아마 인간이 얼마나 오래 살 수 있는가를 알아보기 위한 실험이었던 모양이다. 사람들은 그의 머리를 '증기' 속에 잠기게 하고 오랫동안 방치하였다. 그래서 이 불운의 터키 인은 바깥으로 끌려나간 뒤 호수에 몇 번이고 던져 넣어졌으나 끝내 되살아나지 못하였다.

동굴 속에 들어가면 개는 3분, 고양이는 4분, 토끼는 75초 만에 목숨을 잃는다고 검증되었다. 인간은 이 죽음의 지면에 뉘어지면 10분 이상은 살 수 없을 것이라고 추정하였다.

왼쪽 페이지의 그림은 18세기에 그려진 것이다. 맨 앞의 사나이는 개를 호수에 던져 놓고, 되살려 내려 하고 있다. 또 한 마리의 개는 되살아났거나 그게 아니면 동굴 속으로 던져지는 운명을 간신히 벗어난 순간 부리나케 달아나려 하고 있다. 저쪽에서는 나귀가 억지로 끌려가고 있다.

동굴의 정체

이들 이야기는 사람이나 동물이 이산화탄소가 가득 찬 대기 속에서는 살아갈 수 없다는 사실을 실례로 나타내고 있다. 동굴 지면에 가까운 공기를 분석한 결과, 약 70%의 이산화탄소와 6~7%의 산소, 약 23%의 질소로 이루어져 있다는 사실이 밝혀졌다. 보통의 공기는 이산화탄소를 1% 밖에는 포함하고 있지 않다.

동물을 사용한 연구에 따르면, 사람이나 동물은 이산화탄소를 25% 이상 포함한 공기 속에서는 죽지만, 10% 이하라면 장시간 호흡하지 않은 한 해를 입지 않는다는 사실이 알려졌다.

한편, 이산화탄소는 공기보다 1.5배 가량 무겁기 때문에 위로 올라가지 않고 동굴의 밑바닥에 고인다.

이산화탄소는 지구 내부에서 끊임없이 화학 변화가 일어나는 가운데 만들어

공기를 구성하는 성분으로는 질소, 산소, 아르곤, 이산화탄소 등이 있다. 질소는 색깔과 냄새가 없는 기체이고, 약 78.1%를 차지한다. 산소 역시 색깔과 냄새가 없는 기체로, 약 20.99%를 차지한다. 이산화탄소는 공기보다 무거운 기체다. 산소보다 무겁고, 약 0.03%를 차지한다. 그 외에도 헬륨, 네온, 크립톤, 크세논 등의 비활성 기체가 있다. 이들은 화학적으로 안정하여 다른 물질과 반응하지 않고, 방전시키면 특유의 색을 나타낸다. 공기의 농도가 일정하게 유지되는 이유는 대기의 운동에 따른 혼합 작용 때문이다. 그러나 90km 이상의 상공에서는 혼합 작용보다 확산 작용이 더 많이 일어나며, 수소나 헬륨과 같이 가벼운 기체들이 보다 풍부해진다.

진다. 그렇게 해서 생긴 대량의 이산화탄소는 화산을 통해 지구의 표면으로 내보내진다. '개의 동굴' 일대는 화산 지대여서 지하에서 대량의 이산화탄소가 생성되었고, 그것이 암반의 틈새를 통해 동굴로 솟아올랐던 것이다.■

공화국은 과학자가 필요 없다

재 판 과 처 형

라 부 아 지 에 의 추 도

라부아지에(Antoine Laurent Lavoisier, 1743년~1794

년)는 부유한 프랑스 인의 집안에서 태어났다. 그는 젊어서부터 학업에
뛰어난 재능을 보였고, 특히 과학 연구에 대단한 흥미를 가졌다.

그 시절에는 굳이 과학자가 아니더라도 과학을 연구하는 사람들이
급속히 늘고 있었다. 라부아지에는 부자였으므로 필요한 재료를 얼마
든지 사서 실험할 수 있었다. 그는 얼마 안 가서 당시 프랑스에서 가장
빛나는 과학자 가운데 하나로 이름이 알
려졌다. 또 1767년에 프랑스 지질학적
측량을 실시하고, 25세의 젊은 나이에
이례적으로 '왕립 과학 아카데미'의 회
원으로 선임되었다.

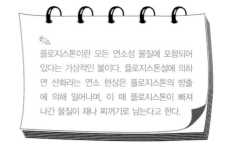

플로지스톤이란 모든 연소성 물질에 포함되어
있다는 가상적인 불이다. 플로지스톤설에 의하
면 산화라는 연소 현상은 플로지스톤의 방출
에 의해 일어나며, 이 때 플로지스톤이 빠져
나간 물질이 재나 찌꺼기로 남는다고 한다.

그 뒤 라부아지에가 이룩한 업적은 이
이례적인 발탁에 보답하고도 남음이 있

었다. 그는 그 시절에 통용되어 온 '플로지스톤(Phlogiston)설'■이 그릇되
었음을 밝혀 냈다. 그로써 정밀한 저울을 쓰는 일이 모든 과학 연구에
꼭 필요한 수단임을 명확하게 밝혀 주었다.

여기서는 주로 라부아지에와 지배자 사이의 관계를 위주로 그가 정

공화국은 과학자가 필요 없다

부를 위하여 한 일만을 들기로 한다.

1775년에 라부아지에는 정부의 화약 공장 관리자로 임명되었다. 그는 화약 위원회의 위원으로서 화약의 폭발력을 확대하는 수단을 발명하였다. 또 '미터법'을 확립하였으며, 농업에 과학을 응용하는 측면에서 국가에 크게 공헌하였다.

프랑스 혁명이 일어났을 때, 혁명 지도자들은 처음부터 그에게 도움을 요청하였다. 좀처럼 쉽게 위조할 수 없는 '**아시냐 지폐**'의 제조에 관해서 의견을 들었던 것이다.

아시냐 지폐란?
1789년에서 1796년의
프랑스 혁명 중에
발행된 지폐.

수세 조합원 라부아지에

혁명 전의 프랑스에서는 '수세인 조합'이라는 부유한 금융 자본가들의 단체가 있었다. 단체에 속한 사람들은 관세, 담배세, 소금세, 일부 알코올 음료의 세금 등을 거두어들이는 일을 돌아가면서 맡았다. 그리고 해마다 일정한 금액을 정부에 납입하는 대신 그들이 거두어들인 세금의 전액을 저희들끼리 나누어 가졌다.

1868년 라부아지에는 수세인 조합에 들어갔다. 그는 탁월한 능력을 발휘하여 경영에 관여하는 요직에 올라 많은 일을 했고, 또 막대한 재산도 축적했다.

어느 시대, 어느 나라에서나 세금을 징수하는 사람은 인기가 없게 마련이다. 당시 프랑스의 수세인 조합은 민중의 미움을 특히 더 사고 있었다. 수세인들이 사사로운 이익을 올리는 데만 관심이 있었기 때문이었다. 그들은 단속을 극도로 엄격히 하고, 탈세라든가 밀수는 철저히 적발하였다. 특히 국내에서 비싼 세금을 매기고 있는 소금의 밀수에 대해서는 매우 무거운 형벌을 내렸다.

그들의 재무 관리를 둘러싸고 많은 스캔들이 따랐다. 특히 수세인 조합 회원이 정부의 고위층 인사 또는 권력층에 속하는 사람들에게 법을 어기고 뇌물을 주는 사례는 비일비재하였다. 국왕과 국왕의 애인들이 해마다 그들로부터 거액의 금품을 상납받고 있다는 사실도 공공연한 비밀로 널리 알려져 있었다.

이러고 보니 프랑스 혁명이 일어난 2년 뒤인 1791년, 국민 공회가 수세인 조합의 폐지를 포고하였다. 국민 공회가 그 후 2년 동안의 유예 기간을 주어 조합의 재정 문제 전반을 청산하도록 명령하였을 때 프랑스 민중들은 별로 놀라지 않았다. 사회 정의의 구현을 표방한 혁명이니 그것은 당연한 처사로 받아들여졌던 것이다.

그러나 수세인들은 혁명의 소용돌이 속에서도 여전히 정신을 못 차리고 있었다. 국민 공회가 제시한 과업의 수행이 지지부진했고, 따라서 기간 만료인 2년이 지나도록 재정 문제를 청산할 수가 없었다. 이와 같은 불필요한 지연 외에도 그 밖의 여러 이유가 얽혀 있어 수세인들에 대한 비판의 소리가 높아져만 갔다.

그러자 1793년 11월에는 한 의원이 이들 '흡혈귀'에 대한 체포를 요구하기에 이르렀다. 이 때는 국민 의회가 혁명 과업을 추진하고 있었다. 국민 의회는 모든 수세인에 대한 체포령을 내렸는데, 그 가운데는 물론 라부아지에도 포함되어 있었다.

재판과 처형

체포된 사람들은 1794년 5월까지 재판을 기다려야 했다. 마침내 혁명 재판소에 끌려나간 수세인들에 대해서 관례적인 개인 심문이 있은 뒤에 재판이 시작되었다.

수석 재판관 코피날(Coffinhall)은 눈앞에 끌려나온 피고인들의 처지는 일체 아랑곳없이 빈정거렸고, 농담투의 욕설을 퍼부었다.

결국 수세인 조합의 회원들은 온갖 수탈과 횡령을 일삼아 프랑스 민중에게 손해를 주었다는 혐의로 공동 또는 개인적으로 고발되었다. 그들은 또 담보에서 과대한 이익을 얻었고, 국고에 납입할 돈을 횡령하였으며, 담배를 만들 때 물과 그 밖의 것을 섞어 시민들의 건강에 해독을 주었다는 점도 고발 사항에 포함되어 있었다.

그러나 이 가운데 마지막에 든 혐의는 날조된 것이었다. 고발자 자신도 담배의 제조 공정상 잎담배에는 어느 정도 물을 뿌려야 한다는 사실을 알고 있었다. 중요한 것은 그 물이 필요량을 초과했는지 또는

유해 성분이 첨가되었는지의 문제였지만, 고발자는 그 증거를 하나도 제시할 수 없었다.

혁명 재판은 으레 억지스럽기 마련이다. 그래서 수세인의 대부분에게 사형이 선고되었다. 당시의 관례대로 판결이 있은 뒤 서너 시간 만에 형이 집행되었다.

재판이 계속되는 동안 누군가 라부아지에의 집행을 2주만이라도 연기해 달라고 청원하였다. 그가 프랑스를 위해 위대한 과학적 공헌을 한 사실을 알리고, 또 현재 진행 중인 중요한 실험을 완료할 수 있도록 하기 위해서였다. 그러나 그 또한 허사였다. 수석 재판관 코피날은 지금껏 악령 속에 전해지는 유명한 한 마디로 그 같은 청원을 냉혹하게 일축했다.

"공화국은 과학자를 필요로 하지 않는다! 재판을 진행시켜야 한다."

이렇게 해서 라부아지에는 죽게 되었다. 그의 죽음은 유럽의 지식인 세계에 크나큰 충격을 주었다. 칼라일(Thomas Carlyle, 1795년~1881년: 영국 역사가, 수필가)은 이렇게 쓰고 있다.

봄은 그 초록빛의 잎과 밝은 햇살을 보내 주고 있다. 햇빛이 전에 없이 밝은 이 5월, 그러나 죽음은 걸음을 멈추지 않는다. 라부아지에, 이 고명한 화학자는 사형당하려 한다. 화학자 라부아지에는 동시에 수세인 조합원 라부아지에이기도 했다.

모든 수세인 조합원은 하나도 남김 없이 체포되었다. 그리고 그들의 돈과 수입을 모두 빼앗겼다. 라부아지에는 한 실험을 마치기 위해 2주일 동안만의 연명을 탄원하였다.

그러나 공화국에는 그런 것이 필요 없다. 단두대의 도끼는 그 할 일을 해야 했다.

라부아지에를 추도하다

라부아지에가 처형된 것은 '공포 정치'가 끝나기 불과 서너 달 전의 일이었다. 그 때 로베스피에르(Maximilien-Francois-Marie-Isadore de Robespierre, 1758년~1794년)를 포함한 많은 혁명 지도자들과 수석 재판관이던 코피날마저 똑같이 기요틴(단두대) 앞으로 나가 처형을 받았다. 두말 할 것도 없이 이는 혁명의 주도권을 에워싼 싸움의 결과로, 그 배경에는 심각한 사정이 깔려 있었다.

로베스피에르의 시대가 지나자 시대 상황은 빠르게 변해 갔다. 차츰 프랑스 인들은 누가 들을까 두려워하지 않고도 하고 싶은 말을 할 수 있게 되었다. 그러자 프랑스의 과학자들은 누구나가 공공연히 라부아지에의 처형을 통탄하며 그의 죽음을 아쉬워하였다.

유명한 프랑스의 과학자 라그랑주(Joseph Louis Lagrange, 1736년~1813년)가 오늘날까지 널리 알려져 있는 다음 한 마디를 입에 올린 것도 그 무렵이다.

그의 머리를 베어 버리는 데는 불과 한 순간밖에 걸리지 않았지만, 그와 똑같은 머리를 또 하나 만들어 내는 데는 100년이 걸려도 충분치 못하리라.

1796년 8월 12일, 미술 학교인 '리세 데자르트(Lycée des arts)'에서 라부아지에의 추도식이 거행되었다. 이 학교의 연차 기록에는 추도식의 상황이 구체적으로 기술되어 있다. 그 행사에서 보여진 연극투의 연출은 당시의 취향을 그대로 드러 낸 것이었다.

학교의 어귀는 광대한 지하실로 인도하게끔 꾸며졌고, 위에는 '불멸의 라부아지에'라는 글자가 새겨져 있었다. 첫째 방에는 볼테르(Voltaire, 1694년~1778년: 프랑스 작가, 사상가)와 루소(Jean-Jacques Rousseau, 1712년~1778년: 프랑스 철학자)의 무덤 모형이 푸른 나뭇잎과 꽃다발로 덮여 있었다. 층계에 새로 베어 온 포플러나무로 만든 높이 8m의 피라미드가 세워져 있었다. 피라미드의 토대는 흰 대리석으로 만들어지고 …… 장례식의 아치 모양이었으며 …… "고인에게 경의를 표한다."고 새겨져 있었다. 큰 홀은 3천 명을 수용할 수 있었다. 흰 반점을 점점이 박은 검은 천과 꽃으로 장식되었고, 스무 개의 조명에 불이 켜졌다. 기둥 하나하나마다 라부아지에가 발견한 표제 하나씩을 적은 팻말이 걸려 있었다. 홀의 뒤에는 데소(Desault)와 비크 다지르(Vicg-d'asyr)의 무덤 모형이 있고, 커다란 커튼이 공작의 예복 모양으로 드리워져 있었다.

수많은 청중들이 참석하였는데 남자는 검은 예복을 입었고, 여자는 흰 옷을 입고 머리에 장미꽃을 꽂았다. 식순에는 '고인에 대한 응분의 경의'란 제목의 연설과 유명한 과학자 푸르크르아(Antoine Francois Comte de Fourcroy, 1755년~1809년: 프랑스 화학자)에 의한 '라부아지에에게 바치는 찬사'가 있었고, 또 영혼의 불멸을 바라는 노래가 포함되어 있었다.

마지막은 이 추도식을 위해 특별히 작곡된 성가의 순서였다. 커튼이 젖혀지고, 가수들과 100명의 합창단이 자유의 여신상을 장식한 라부아지에의 무덤을 둘러싸고 모습을 나타냈다. 합창단이 "그의 천재성을 영원히 성스러운 것으로 받들기 위해 그를 찬양하는 기념비를 세울지어다."라는 말로 끝을 맺자, 피라미드 하나가 나타났다. 그 위에는 라부아지에의 반신상이 얹혀 있었다. 반신상의 머리는 전통적으로 천재에게 주어져 온 불멸의 월계관으로 장식되어 있었다.

이 추도식은 한 과학자를 찬양하며 베풀어진 의식 가운데 가장 인상 깊은 것이었음에 틀림없을 것이다.

프 러 시 안 블 루

11

우연히 발견된 빛깔

호 프 만 과 퍼 킨

자 줏 빛 염 료 가 나 오 다

모 브 의 유 행

인 조 염 료 가 천 연 염 료 를 추 방 하 다

고대부터 왕후 같은 귀족이나 권력자가 아니고는 쓸 수 없게끔 규정되어 온 색깔이 있다. 오늘날에는 그 빛깔의 선명도나 호화로움에서나 고대 왕족의 빛깔에 필적할 만한 것이 얼마든지 있을 뿐 아니라 그를 능가하는 것도 많다. 더구나 그런 아름다운 빛깔을 아주 싼 값으로 만들 수 있게 되어, 대개의 가정에서도 쉽게 살 수 있게 되었다.

그러한 염료 가운데 몇 가지는 전혀 우연한 기회에 발견되었다.

프러시안 블루

1710년 어느 날, 염료 제조가인 디스바흐(Diesbach)라는 사람이 실험실에서 명반과 어떤 철분염의 용액과 **코치닐**을 사용하여 실험을 하고 있었다. 그 실험에는 알칼리 용액이 필요했다. 그래서 같은 실험실에서 연구하던 동료 화학자에게 한 병 빌려 두었다.

그는 이 알칼리 용액을 다른 물질과 섞으면 으레 붉은 염료가 가라

> 코치닐(cochineal)이란?
> 카민(carmine)이라고도 한다. 말각지 벌레과의 닥틸로피우스 코쿠스(Dactylopius coccus)의 암컷을 말려서 분쇄한 가루로 만든 붉은 염료.

앉을 것으로 믿었다. 그러나 알칼리 용액을 다른 물질이 들어 있는 용기에 붓자 어이없는 현상이 일어났다. 그의 예상과는 달리 막상 가라앉은 것은 파란빛이었던 것이다.

디스바흐는 이런 기묘한 빛깔의 변화가 왜 일어났는지 궁금히 여기며 그 알칼리 용액을 빌려 준 동료 화학자에게 물었다. 그는 자신이 건네 준 알칼리 용액을 전에 한 번 실험에 사용한 적이 있다고 알려 주었다. 지난번 실험에서 알칼리 용액을 소의 피 같은 동물질에 섞었고, 그 뒤에 병 속에 다시 부어 놓았다고 하였다. 따라서 알칼리가 오염되어 있었다는 사실은 분명하였다.

그 날, 실험실 동료 화학자는 알칼리 용액을 디스바흐에게 건네 줄 때 마땅히 주의를 주었어야 했다. 그것이 순수한 용액이 아님을 말하지 않은 것은 다분히 큰 실수다. 그러나 이 경우는 부주의한 행위가 도리어 뜻밖의 결과를 낳은 것이었다. 디스바흐는 이것을 깊이 연구해 볼 만한 가치가 있다고 생각하였다.

이리하여 두 화학자는 이번에는 계획적으로 우연히 일어난 사건을 되풀이하였다. 순수한 알칼리 용액에 소의 피를 섞고, 여기에 코치닐과 명반 및 철염이 섞인 것을 부었다. 그 결과 다시금 그 파란 물질을 얻을 수 있었다. 그들은 이것이 매우 우수한 염료가 될 수 있다는 사실을 알아챘다.

이 물질은 발견된 나라에 경의를 표하는 의미에서 '프러시안 블루' 라 불리게 된 것이다.■

프러시아는 프로이센의 또다른 이름이다.

프러시안 블루의 제조법은 한동안 비밀에 붙여졌고, 따라서 그 빛깔은 매우 비싼 값에 팔렸다. 그러다 1724년에 어느 화학자가 제조 공정을 상세히 밝히게 되어, 여러 나라에서 대량으로 생산되기에 이르렀다.■

디스바흐가 발견한 파란 빛깔의 염료 '프러시안 블루(prussian blue)'를 만드는 방법은 비밀에 붙여져 전해지지 않았다. 그러나 그들이 말하는 '동물질'이란 소의 피로 추정할 수 있다. 얼마 뒤 1724년에 영국의 화학자 우드워드(Robert Burns Woodward, 1917년~1979년)가 실제로 이것을 사용하여 프러시안 블루를 만들었다. 그는 말린 소 피에 탄산칼륨을 섞어서 높은 온도로 가열하여 시안화칼륨을 얻었다. 다음에는 이 시안화칼륨에 녹반(황산제1철)과 명반을 첨가하고, 그 생성물을 염산으로 처리하여 프러시안 블루를 얻었다.

호프만과 퍼킨

새로운 빛깔에 얽힌 두 번째 이야기를 시작하기 전에 설명해 두어야 할 사항이 있다. 19세기로 접어든 지 꽤 오래 되어서도 화학자들은 여전히 물질을 유기물과 무기물이라는 두 개 그룹으로 뚜렷하게 구별하고 있었다는 점이다.

유기물이란 설탕이나 녹말과 같이 생명과 관계가 있는 물질이다. 자연 그 자체의 힘으로 식물이나 동물의 살아 있는 몸 속에서만 생성된다고 믿어져 왔다.

그에 반하여 무기물이란 흙이라든가 공기, 또는 물 속에 있는 것, 예컨대 소금, 모든 금속, 산소, 점토, 석회암 등과 같은 것이다. 그 시절에 실험실에서 만들 수 있는 온갖 물질은 모두 무기물에 속해 있었다.

1828년, 독일의 화학자 프리드리히 뵐러(Friedrich Wöhler, 1800년~1882년)

가 동물의 체내에서만 생성된다고 여겨지던 '요소'를 실험실에서 만드

는 데 성공하였다. 이것은 매우 중요한 발견이었다. 이를 계기로 화학

자들은 그 때까지 동식물에서만 얻을 수 있던 그 밖의 물질들도 차츰

실험실에서 만들기 시작했기 때문이다.

그 뒤로 몇 해가 지나가기도 전에 실제로 많은 유기물이 실험실 안

에서 만들어졌다. 이 방면에 특히 주목한 것은 독일의 화

학자들이었다. 그 가운데 가장 뛰어난 과학자 중 하나

가 호프만(August Wilhelm von Hoffmann, 1818년~1892년)으로,

그는 특히 **콜타르**를 연구하였다.

콜타르(Coal Tar)란?
석탄을 높은 온도에서
가열 분해할때
생기는 기름과 비슷한
검은 액체

학창 시절 호프만은 콜타르에서 뽑아 낸 어떤 물질이

'인도남'에서 채취되는 물질과 같은 것이라는 사실을 증명한 일이 있

었다. 그 시절의 산업계에서는 파란 인디고 염료가 대량으로 쓰이고

있었는데, 그 모두가 이 식물에서 채취되고 있었다.

1845년, 호프만은 런던의 왕립 화학 학교 교수로

임명되었다. 그는 이 학교의 실험실에서 천연 물질을

만드는 실험을 계속하였다. 그러다 4년 뒤에는 **퀴닌**을

만들 수 없을까 하고 궁리하였다. 당시 퀴닌에 관한 실험적

퀴닌(quinine)이란?
기나나무에서 추출되는
천연 물질이며,
말라리아에 특효약.

연구는 아직 착수된 바가 없었다.▪

약 3년이 지난 뒤, 호프만은 15세의 젊은이 윌리엄 헨리 퍼킨(Sir William

Henry Perkin, 1838년~1907년)을 실험실의 조수로 임명하였다. 퍼킨은 재학 시

집 실험실에서
연구하는 퍼킨

절부터 화학에 매우 흥미를 가졌다. 그
의 부모는 집 안에 실험실을 만들어 주며
그의 연구를 격려하였다.

　　퍼킨은 조수로서의 근무가 끝난 후에
도 실험실에서 대부분의 시간을 보내었
다. 그의 실험실은 그가 쓴 바와 같이 매
우 간단한 설비밖에는 없었다.

퀴닌은 그 시절만 해도 매우 중요한 약이었
다. 퀴닌은 실제로 20세기 전반이던 불과 얼
마 전까지만 해도 대개의 의사들 사이에서 널
리 쓰여졌다. 당시에 퀴닌은 기나나무에서 채
취되고 있었다.

　나의 첫 개인 실험실은 조그맣고 긴 방의 반을 칸막이한 곳으로, 병을
얹어 놓는 선반 몇 개와 테이블이 있을 뿐이었다. 난로 속에는 화덕이

하나 있었고, 수도나 가스는 설비되어 있지 않았다. 낡은 알콜 램프를 사용하여 작업하기 일쑤였다. 때로는 창고에서 숯을 피우는 일도 있었고, 밤과 휴일에는 이 실험실에서 일하며 지내었다.

(자줏빛 염료가 나오다)

퍼킨은 실험실에서 천연 물질을 만들려는 호프만 선생의 연구에 깊은 흥미를 느꼈다. 그래서 1856년의 부활절 휴가를 이용하여 퀴닌을 만들어 보기로 결심했다.

일부 저술가들은 호프만이 그에게 이 작업을 시도해 보도록 권했을 것이라고 추측한다. 그러나 퍼킨은 훨씬 뒷날에 퀴닌이 약으로서 매우 중요하다는 사실을 책에서 읽고 영향을 받았다고 말한 바 있다. 한편으로는 호프만이 7년 전에 퀴닌을 실험실에서 만들 수 없을까 하고 여러모로 궁리한 사실을 퍼킨이 알고 있었으리라는 것도 충분히 긍정되는 일이다.

퍼킨은 실제로 실험에 착수하기 전에 실험 방법을 신중히 궁리하였다. 호프만 선생이 불과 얼마 전에 콜타르에서 얻은 물질의 조성은 퀴닌과 상당히 닮아 있었다. 퍼킨은 우선 그것에서부터 실험을 착수하기로 하였다. 그 물질을 퀴닌으로 전환시키려면 그 밖에 어떤 물질이 필요한가를 여러모로 검토하고 나서 작업에 착수하였다.

그의 첫 실험은 성공하지 못하였다. 퍼킨은 다른 물질을 쓰기로 하였고, 이번에는 호프만이 학생 시절에 콜타르에서 얻은 아닐린(anilin)을 택했다. 이 물질을 시험관에 조금 넣고 전과 같이 신중히 고른 소수의 물질을 사용해서 처리하였다. 이번에는 시험관의 밑바닥에 검은 침전이 있었다. 그것을 조사해 본 결과 침전의 대부분이 알코올에 녹는다는 사실을 알아 냈다.

퍼킨은 톨루이딘(toluidine)의 조성에 먼저 C_3H_4를 첨가하고, 수소 대신 알릴(allyl)을 넣어서 알릴톨루이딘을 만들면 이것으로 퀴닌이 만들어지지 않을까 생각했다.
그는 톨루이딘에 요오드화알릴을 작용시켜서 알릴톨루이딘을 만들었다. 화학 방정식으로 나타내면, $C_7H_9N-H+C_3H_5=C_{10}H_{13}N$이다.
　　　톨루이딘　　　　　　알릴톨루이딘
이것을 염으로 바꾸고 중크롬산칼륨으로 처리하면, 다음과 같은 반응이 일어날 것으로 예상했다.
$2C_{10}H_{13}N+3O=C_{20}H_{24}N_2O_2+H_2O$

이렇게 해서 얻어진 것은 그가 찾고 있던 무색의 퀴닌 용액이 아니라 아름다운 자줏빛 액체였고▪, 지저분한 퀴닌 침전만 생성되었다. 퍼킨은 이 실험에 대해 다음과 같은 기록을 남겨 두었다.

기(基)란?
화학 반응에서, 다른 화합물로 변화할 때 분해되지 않고 마치 한 원자처럼 작용하는 원자의 집단.

이 결과는 예상 밖이었으나, 나는 이 반응에 흥미를 느끼고 더욱 간단한 **기**를 같은 방법으로 처리해 보려 하였다. 그래서 아닐린을 골라서 그 황산염을 중크롬산칼륨으로 처리하였다. 이번에는 검은 침전이 있었다.

이 검은 침전은 자줏빛의 물질을 약 5% 함유하고 있었다. 퍼킨은 이를 '모브(mauve)'라고 명명하였다. 오늘날 이것은 '모베인(mauvein)'이라고 불리고 있으나, 그것은 n-페닐페노사프라닌 등을 주성분으로 하는 염기성 염료다.

퍼킨은 이 액체가 염료의 성질을 띠고 있다는 사실을 곧 발견하였다. 또한 이 새로운 염료는 강한 햇빛을 쐬어도 쉽사리 빛이 바래지 않는다는 사실을 알았다. 퍼킨은 이것을 '예술적 취향으로 염료에 매우 흥미를 가지고 있는' 친구에게 보여 주었다. 친구는 그것이 훌륭한 염료가 될 수 있다고 말해 주었다.

퍼킨은 그 뒤 다른 친구를 통해 영국에서도 가장 유명한 염색 회사 중 하나인 퍼드의 '퓨러스 상사'를 소개받았다. 그가 이 회사에 '모브'로 물들인 견직물의 샘플을 보내자 다음과 같은 회답이 왔다.

늙은 퍼킨과
그의 염색 공장

귀하의 발견이 제품을 몹시 값비싸게 하는 것이 아니라면, 지금까지의 오랜 역사 속에 나타난 염료 가운데 가장 가치 있는 것임은 의심의 여지가 없습니다. 그 빛깔은 모든 종류의 물품에 대해서 가장 이상적인 것으로 여겨집니다. 그러나 종전에는 견직물의 빛깔이 바래지 않는 것을 얻을 수 없었고, 무명 같은 면 종류에 한해서만 비싼 비용을 들여서 가까스로 물들일 수 있었습니다. 여기 귀하에게 우리가 무명에 라일락 빛깔로 물들인 가장 좋은 무늬를 동봉합니다. 이것은 영국에서도 단 한 군데 회사에서만 염색되는 것입니다. 그러나 아직 충분히 튼튼한 것이 못 되며, 귀하의 샘플이 견디어 낸 테스트에 아직 버틸 수가 없어 공기를 쐬기만 해도 빛이 바래고 맙니다.

퓨러스 상사와 같은 유명한 회사가 보내 온 이처럼 칭찬으로 가득 찬 편지가 아직 학생이나 마찬가지인 퍼킨을 얼마나 기쁘게 하였는지를 충분히 상상할 수 있을 것이다. 그는 부친과 형을 설득하여 몇 달 뒤에는 콜타르에서 얻어 낸 최초의 염료를 만들 수 있는 공장을 짓기 시작하였다.

모브의 유행

이 새로운 염료는 삽시간에 큰 성공을 거두었다. 자줏빛은 모든 빛깔 가운데 당시 대중의 상상력에 호소하는 가장 고급스런 빛깔이었기 때문이다.

자줏빛은 과거 몇 백년 동안 가장 존중되어 온 빛깔이었다. 유명한 칠레의 자줏빛은 로마의 왕족을 비롯하여 최고위층 인사들밖에는 쓸 수 없었다.

우연의 일치일지는 모르나, 퍼킨이 새로운 자줏빛 염료를 발견한 바로 그 무렵, 프랑스의 나폴레옹 3세(Napoleon III, 1808년~1873년) 황후 외제니 (Eugenie : 1826년~1920년)는 자줏빛 드레스를 입는 유행을 만들어 냈고, 그것은 영국 귀부인들 사이에 퍼져 모두들 열광적으로 그 유행을 따랐다. 그 빛깔을 프랑스 인들은 '모브(mauve)'라 불렀다. 퍼킨도 자신의 새 염료를 그렇게 이름지었다.

영국에서는 이 말이 순식간에 인기의 중심이 되었다. 빅토리아 왕조의 만담가들마저 이 말을 화제에 올릴 정도였다. 모브의 인기는 프랑스의 드레스 빛깔에서 나왔다기보다도 퍼킨의 새 염료에서 비롯되었다고 어떤 이는 말했다. 다음은 그 문제를 반영하고 있는 재미있는 이야기다.

그 시절에 살았던 사람이 아니고는 그 염료와 그것이 콜타르에서 채취된다는 사실이 대중의 상상력을 얼마나 북돋웠는가를 이해하지 못한다. 그것은 어디서나 화제가 되었다. 그 인기는 대단한 것이어서 당시의 연극에까지 등장할 지경이었다. 등장 인물 중 하나가 "이제는 누구나 모브 이야기밖에는 하려 하지 않는다."고 한탄한 뒤에 이렇게 덧붙인다. "아이구야, 이제는 경찰관 나리까지도 온통 '모브 온!'이라지 뭔가."라고. ▪

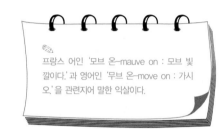

프랑스 어인 '모브 온—mauve on : 모브 빛깔이다.'과 영어인 '무브 온—move on : 가시오.'을 관련지어 말한 익살이다.

인조 염료가 천연 염료를 추방하다

그 뒤, 수백 년 동안이나 사용되어 온 천연 염료는 몇 해 동안에 나온 새로운 염료에 의해 단시일 내에 대체되고 말았다. 이들 인조 염료는 천연 염료보다 손쉽고 값싸게 만들 수 있고 나타낼 수 있는 빛깔도 여러 종류였다.

이 같은 사태를 관찰한 호프만은 퍼킨의 발견이 있은 지 6년 뒤에 일찌감치 다음과 같이 예측할 수 있었다.

영국은 머지않아 세계 최대의 염료 생산국이 될 것이다. 아니, 그보다도 영국은 머지않아 석탄에서 만들어 내는 파란 빛깔을 인도남을 재배하는 인도로 보내고, 증류한 빛깔을 코치닐을 산출하는 멕시코로, 황벽나무나 잇꽃의 무기성 대용품을 현재 이들 식물을 생산하고 있는 중

황벽나무는 나무 껍질에서 노랑빛 염료를 채취하고, 잇꽃은 그 꽃에서 빨강빛 염료를 채취한다. 모두 1860년에는 중요한 염료였다.

국이나 일본으로 수출하게 될 것이다.

불행히도 영국의 화공학자는 독일의 화학자처럼 찬스를 눈치 빠르고 확고하게 포착하지 못하였다. 제1차 세계 대전이 시작될 무렵, 독일은 영국보다 훨씬 우수한 화학 공업을 가지고 있었다. 전쟁이 끝난 후 영국을 비롯한 여러 나라들은 전쟁이 일어났을 때 화학 공업이 국가에 수많은 이득을 가져온다는 교훈을 얻었다. 오늘날 콜타르에서 인조 염료를 만들어 내는 일은 세계에서도 가장 큰 공업의 하나가 되고 있다.

석탄에서 만들어지는 파란 빛깔의 염료가 장차 인도남을 재배하는 인도로 보내지게 될지도 모른다던 호프만의 예측은 급속히 실현되었다. 그 얼마 뒤부터 인조 염료가 싼 값에 대규모로 제조됨에 따라 천연 염료의 수입은 사실상 중지되었다. 천연 염료를 재배하는 농장에서 일하던 몇만 명이나 되는 인도의 노동자들은 일자리를 잃었다.

'모브' 다음에 '알리자린(alyzarin)'이라는 또 하나의 인조 염료가 콜타르에서 채취되었다. 이 또한 오랜 세월에 걸쳐 사용되어 온 천연 염료와 대체되었다.

천연의 붉은 염료는 꼭두서니라는 풀뿌리에서 채취되는 것이다. 꼭두서니의 재배는 프랑스를 비롯한 그 밖의 여러 나라 농부들에게 큰 수입을 안겨 주는 산업이었다. 그런데 인조 염료로도 같은 색깔을 낼 수 있게 되었으니 농민들에게 준 타격은 크지 않을 수 없었다.

겨우 열여덟 살의 젊은이가 조그만 실험실에서 부활절 휴가 중에 이룬 발견이 화학 공업과 농업에 일대 혁명을 일으켰다. 그러나 그 혁명은 퍼킨이 1856년에 행운의 발견을 하지 않았더라도 그리 오래지 않아 결국 일어났을 것이다.

12

기구를 타고 하늘을 날다

몽골피에(Montgolfier) 집안의 두 형제 조제프 (Joseph Michel Montgolfie, 1740년~1810년)와 자크(Jacques Etienne Montgolfie, 1745년~ 1799년)는 프랑스의 론 강(River Rhône) 기슭의 도시 아노네에서 큰 제지 공장을 경영하고 있었다. 둘은 모두 비행술의 연구에 흥미가 대단하였다.

형제는 어느 날, 커다란 종이 주머니에 증기를 가득 채워 '구름처럼 가볍게' 하면 그 물체가 공중에 뜨지 않을까 생각했다.

1783년 6월 5일, 형제는 그 아이디어를 실험으로 옮겼는데, 그 자리에 수많은 구경꾼들이 구름처럼 모여들었다. 지름이 12m나 되는 종이 주머니를 긴 기둥의 꼭대기에 매달고, 주머니 밑의 열려진 주둥이 바로 아래로 밀짚과 장작을 산더미처럼 쌓아 놓았다. 그러고는 이 연료에 불을 붙였다. 형제는 연기가 나는 불길을 헤치고 그 종이 주머니 속으로 들어갔다. 주머니는 곧 불룩해져서 거대한 공 모양이 되었다. 드디어 기둥에 매어 놓은 줄을 끊자 구체는 두둥실 떠올라, 10분도 채 되기 전에 약 2천 m 높이에까지 이르렀다.

그러나 얼마가 지나자 구체는 아래로 내려오기 시작하여 끝내는 포도밭에 떨어지고 말았다. 다행히도 포도밭에는 아무런 피해가 없었다.

샤를 교수의 기구

　그 무렵, 프랑스의 유명한 과학자 샤를(Jacques Alexandre Cesar Charles, 1746년~1823년 : 샤를은 기체의 온도와 부피에 관한 '샤를의 법칙'으로 유명해진 인물이다.) 교수는 이 같은 놀라운 실험 소식을 듣고 자기도 한번 시도해 보고자 뜻을 굳혔다. 그의 착상은 몽골피에 형제와는 중요한 차이점이 있었다.

　샤를은 영국의 과학자 캐번디시(Henry Cavendish, 1731년~1810년)가 1766년 당시에 발견한 새로운 기체, 즉 수소가 공기보다도 10분의 1(실제로는 14.5분의 1)의 무게밖에 안 된다는 사실을 알고 있었다. 따라서 몽골피에 형제가 사용한 뜨거운 연기 대신 샤를은 수소를 쓰기로 하였다.

　그 시절에는 실험실에서 묽은 황산으로 철을 녹여 수소를 만들었다. 샤를은 계획을 공개 발표 하고 실험에 필요한 자재의 구입을 위해 기부금을 모집했다. 다행히 로베르트(Roberts)라는 두 형제가 돕기로 나서 주었다.

이 실크 주머니는 '밸롱' 또는 '벌룬'(ballon)으로 불렸다. '커다란 주머니'라는 뜻이다.

　샤를은 우선 실크로 지름 약 4m의 커다란 구체를 만들고 그 안쪽에는 공기가 새어 나가지 못하게 고무를 칠했다. 수소를 만들기 위해서 약 500kg의 철과 250kg의 황산을 썼다. 그것을 특제의 용기에 놓고 용기에서 분출하는 수소를 파이프로 끌어서 실크 주머니(기낭) 속으로 채워 넣었다.▪

밤을 이용해
기구를 옮겨
가는 샤를

샤를의 실험은 물론 세상 사람들의 눈길을 끌었다. 수소를 채우는
작업은 8월 23일에 시작되었는데 날이 갈수록 모여드는 사람의 수가
크게 늘어나 작업에 큰 지장을 줄 정도였다.

샤를은 하는 수 없이 3km 떨어진 지점인 샹드마르스(Champs de Mars)
광장으로 기구를 옮겨 놓기로 하고 한밤중에 몰래 그 곳으로 운반해
갔다.

한 목격자는 그 기구의 이동과 그 뒤의 비행 실험 경과를 다음과 같
이 적어 놓고 있다.

이런 기구를 운반하는 광경보다 더 진기한 모습은 도저히 있을 수 없

을 것이다. 사람들은 횃불을 손에 들고 따라갔고, 한 떼의 보병과 기병이 양 옆을 호위하며 행진하였다. 한밤중의 행진, 이토록 엄중한 경계 속에 운반되는 거대한 구체의 크기와 형태에 압도될 수밖에 없었다. 주위에는 침묵만 감돌고, 도대체 얼마나 시간이 흘렀는지도 알 수 없었다. 사정을 모르는 사람들은 누구나가 머리 위를 억누르는 기이하고도 신비로운 위압감을 받지 않을 수 없었다. 한길을 달리는 역마차의 마부들은 혼비백산하여 마차를 멈추고, 행렬이 지나가는 동안 모자를 벗고 공손히 고개 숙이고 꿇어앉아 있었다.

이튿날 구체를 띄우는 광장에는 도보나 마차를 타고 온 구경꾼들로 들끓었다. 혹시 불상사라도 일어날까 염려하여 수많은 군인들이 동원되어 정리와 경비를 하지 않으면 안 되었다.

오후 5시, 드디어 대포가 발사되면서 구체를 매어 놓고 있던 밧줄이 끊어졌다. 구체는 2분도 되기 전에 1천 m 높이까지 올라갔다. 그러고는 구름 속으로 들어갔지만, 곧 다시 나타났다가 더욱 높이 올라갔다. 그때 비가 억수로 쏟아졌는데 구체는 그 비구름 속으로 자취를 감추었다.

물체가 하늘을 난다고 생각하니 가슴이 울렁거리도록 장엄한 느낌이 들었고, 또 평소에 보지 못한 광경이어서 구경꾼들은 하나같이 흥분하고 열광하였다. 그들은 어찌나 만족스러워하였던지 최신 유행의 의상을 걸친 귀부인들조차 구체의 움직임을 한순간이라도 놓칠세라 비에 흠뻑 젖는 것도 아랑곳하지 않았다.

기구에는 종이 조각을 넣은 가죽 주머니가 매여 있었다. 거기에는

이 구체를 띄운 날짜와 시간, 또 이 구체를 발견한 분은 샤를 교수에게
로 돌려보내 주시기 바란다는 부탁의 말도 적혀 있었다.

기구를 보고 놀란 사람들

샤를은 수소의 분량으로 미루어 짐작하여, 기구가 20일 내지 25일
동안은 공중에 떠 있을 것이라 예상했다. 그러나 예상과는 달리 기구
는 약 45분을 날다가, 파리에서 24km 떨어진 마을 근처의 들에 떨어
졌다.

뒤에 조사해 본 결과 수소가 든 기낭의 실크에서 길이 약 30cm 정
도 찢어진 구멍이 발견되었다. 기구는 아마도 6,000m 고공까지 올라
간 모양이었다. 그 높이에서는 바깥 공기의 압력이 안에 있는 수소의
압력보다도 훨씬 작다. 그 때문에 안에서 밖으로 미는 수소의 힘으로
실크가 파열되었음에 틀림없었다. 그렇게 찢어진 틈으로 수소가 새어
나가 기구는 지면으로 떨어져 버린 것이다.

다음과 같은 신문 기사로 보건대, 마을 사람들이 하늘에서 내려온
기묘한 물체를 보고 얼마나 기절초풍할 지경이었는지를 알 수 있다.

그 구체가 떨어지는 현장을 목격한 두 농부는 어떤 괴물이 하늘에서
내려온 줄 알았다. 그것은 상당히 빠른 속도로 내려왔다. 그 때문에 한

자리에 딱 멎기까지 몇 번이고 지면에 부딪혀서 튀었으므로 더욱 괴상한 인상을 주었다.

지상에 떨어진 뒤에도 농부들은 감히 접근하지를 않고 돌멩이만 잔뜩 던져 댔다. 그래서 기낭은 갈기갈기 찢어지다시피 되었으나 구체는 꼼짝도 하지 않았다.

한참 만에 용감한 두 명의 농부가 살그머니 다가가서 살펴보았다. 그 짐승이 커다란 입을 벌리고 있는 모습을 보고는 몸이 오싹해지고 말았다. 그 입에 이빨이 나 있을 것 같아 겁이 났고, 입 안으로 손을 들이밀면 위험하다는 생각이 들어 조심스럽게 들여다보기만 했다. 그런데 수소의 불쾌한 냄새가 물씬 나서 고개를 오므리지 않을 수 없었다. 멀리서 그 광경을 지켜보던 또다른 농부는 틀림없이 그의 머리가 물린 줄 알고 전속력으로 달아났다. 그러나 그는 자신이 물린 것이 아니며, 짐승은 죽어 있는데 다만 역겨운 냄새가 나서 그랬다고 해명하기 바빴다.

두 농부는 용기를 내어 근처에서 풀을 뜯어먹고 있던 나귀를 끌어다가 꼬리에 그 기구를 매달고 마을로 가져갔다. 농부는 마을에 이르자 신부를 찾아가서 이 악마 같은 짐승을 조사해 달라고 부탁하였다. 신부는 기구에 붙어 있는 기낭을 살펴보고 그 안에서 종이 조각을 발견하였다. 그것을 읽어 보고서야 이 기계를 누가 무슨 목적으로 만들어졌는지 알았고, 또 누구에게 보내야 할지 판단이 섰다. 두 농부는 그 말을 듣고 자신들이 겪은 공포와 노력에 대하여 무슨 상이라도 타려니 믿으며 크게 기뻐하였다.

설마하고 믿어지지 않는 마을 사람들의 놀라움을 또다른 기사는 이렇게 전하고 있다.

처음 사람들은 그것이 다른 세계로부터 온 것이려니 믿었다. 보다 분별 있는 사람은 그것을 괴상한 새로 보았다. 그 괴상한 새는 착륙한 뒤에도 안에 가스가 차 있었으므로 계속 움직거렸다.

숱한 군중 속에서 그래도 몇 사람이 용기를 내어 한 시간이나 걸려서 조심스럽게 다가갔다. 그러는 동안에도 속으로는 저 괴물이 제발 어디로든 날아가 버렸으면 하고 기원하였다.

마침내 그 중 용감한 사나이 하나가 총을 들고 천천히 다가가더니

기구를 공격하는
마을 사람들

그 괴물을 향해 방아쇠를 당겼다. 순간 괴물이 순식간에 줄어들었다. 그러자 군중은 승리의 만세를 부르더니 저마다 도리깨와 작살 등을 손에 들고 달려들었다. 한 사나이가 괴물의 살갗 같은 것을 찢었을 때 지독한 악취가 풍겨 나왔고, 모두들 코를 막고 다시 퇴각하였다.

그러나 이 때쯤에는 그렇게 괴물을 두려워한 사실을 부끄러워하는 마음이 군중을 사로잡은 것도 사실이었다. 그래서 그들은 기구를 말의 꼬리에 매달고 온 마을 안을 끌고 다니다가 끝내는 갈기갈기 찢어 버렸다.

낙하산 부대를 구상한 프랭클린

미국의 유명한 과학자이자 정치가이기도 한 프랭클린(Benjamin Franklin, 1706년~1790년)은 맨 처음 기구를 띄우는 현장을 목격한 사람이었다. 그는 장차의 전쟁에서 기구를 쓸 수 있을 것으로 예상하며 이렇게 적었다.

전열함이란?
포 74문 이상을 갖는
당시의 군함

2인승의 기구를 5천 개 만들어도 **전열함** 5척 이상의 제조비에는 미치지 못할 것이다. 만약에 기구를 사용하여 1만 명의 병력이 구름 위에서 뛰어내려 공격할 경우, 그들이 여러 고장에서 큰 피해를 주는 공격을 가하기 전에 방어군은 과연 재빨리 군대를 모아 그들을 쫓아 버릴 수 있을까? 나아가서 그런 방위를 위해 온 나라 안을 군대로 가득 채우고 지킬 수 있을 만큼 여유가 있는 대통령이 어디 있을까?

프랭클린은 이렇게 전쟁에서 낙하산 부대가 유용하다는 것을 150년이나 전에 예상하고 있었던 것이다.

일부 프랑스 인들은 "우리의 적 영국이 미국인의 아이디어를 가로채어 우리보다 먼저 완성해, 예전에 그들이 바다의 지배권을 빼앗았듯이 하늘의 지배권도 빼앗는 것이 아닐까?" 하고 우려했다. 반면에 영국인들은 "기구의 발달로 영국이 나폴레옹의 침략에 대항할 수 있는 천연의 방벽인 영국 해협도 이미 적의 상륙을 방해할 수 없게 되는 것이나 아닐까?" 하고 우려했다.

사실 1784년에 그려진 '구름 속의 몽골피에'라는 유명한 만화에서는, 몽골피에가 비누 방울을 입으로 불면서 이렇게 말하고 있다.

오오, 진정 이것이야말로 위대한 발명이로다! 이는 우리 국왕, 우리 나라, 우리의 이름을 불멸의 것으로 하리라. 우리는 적에게 선전을 포고하자! 우리는 틀림없이 영국을 공포로 떨게 할 것이다. 우리는 기구를 타고 그들의 야영지를 정찰하고, 그들 함대의 진로를 방해하고, 그들의 조선소에 불을 지르고, 그리고 지브롤터 항구를 확실히 점령하리라. 우리가 영국을 정복한 다음에는 이어서 그 밖의 여러 나라도 정복하여 모두 우리 대왕의 식민지로 삼을지어다.

샤를, 죽을 고비를 넘기다

최초의 기구 비행에 관해서 재미있는 후일담이 있다.

그것은 1792년의 일이었다. 프랑스에서는 국왕에 대한 반역으로 혁명이 일어났다. '기억할 8월 10일(1792년 8월 10일의 프랑스 왕권 정지 혁명)'에는 파리의 폭도들이 손을 쓸 수 없을 정도로 난동을 부리고 있었다. 그들은 왕궁을 습격하여 수비병들을 학살하고, 국왕을 포로로 잡아 투옥하였다. 뒷날에는 재판의 이름만을 빌었을 뿐인 절차로 사형을 선고하여 단두대에 올리고 목을 잘라 버렸다.

그 '기억할 8월 10일'에 샤를 교수는 왕궁 안에 묵고 있었다. 국왕은 그의 과학적 업적을 높이 평가하여 포상으로 그를 왕궁 안에 자유로이 묵도록 하였던 것이다. 이 날 밤, 왕궁을 습격한 폭도들은 왕궁 안을 샅샅이 뒤져 닥치는 대로 살해하였다. 샤를도 발견되어 그들의 손에 죽을 처지에 놓였다.

이 때 샤를은 필사적으로 애원하는 대신에 자신이 누구인가를 밝혔다. 그는 몇 해 전에 자신이 기구를 띄운 사실을 설명한 다음 시민들이 그것을 구경할 때의 기쁨을 상기시켰다.

다행히도 그들 가운데 샤를의 얼굴을 알아보는 사람이 있었다. 그 덕분에 샤를은 아슬아슬하게 목숨을 건질 수 있었다. 그는 혁명이 지난 뒤까지 살아남았다가, 1823년에 생애를 마쳤다.

최초의 공중전

앞에 말한 바와 같이 프랭클린은 낙하산 부대의 등장을 예언했다. 공중전에 관해서는 1808년 두 사나이가 공중에서 결투를 벌인 일이 첫 예고가 되었다.

유사 이래 최초의 공중전에서 그들은 이미 한 번에 한 방밖에 쏠 수 없는 무기는 쓸모가 없다는 사실에 생각이 미치고 있었다. 그 결과 저마다 방아쇠를 한 번 당기면 수많은 탄환이 동시에 발사되는 나팔총을 사용하기로 하였다. 두 차례의 세계 대전에서 '쏘기만 하면 맞기'를 기대하며 다발식으로 한꺼번에 탄환을 공중에 널리 쏘아 뿌리는 기관총이 사용된 현상이나 마찬가지다.

그란페레(Grandpère)와 피케(Piquet)는 어느 여배우를 사이에 놓고 삼각관계로 고민하였다. 당시의 상식으로 이런 문제는 결투로 결판을 내는 길밖에 없었다. 두 신사는 두 개의 똑같은 기구를 타고 공중에서 결투를 벌이기로 합의하였다.

오랜 시일 끝에 준비가 완료되자, 이들 두 사람은 저마다의 세컨드(결투의 보조자)를 데리고 각자가 기구의 곤돌라(gondola, 기구에 달린 바구니)를 탔다. 두 개의 기구는 공중으로 올라갔을 때 서로의 거리가 약 80m쯤 되게 놓여 있었다.

인산인해를 이룬 구경꾼들이 지켜보는 가운데 마침내 기구는 띄워졌다. 잔잔한 바람을 타고 기구가 충분한 높이까지 올라갔을 때 신호의 총성이 울렸다.

피케가 먼저 총을 쏘았으나 맞지 않았고, 그란페레가 쏜 것은 상대의 기구를 명중시켰다. 기구는 순식간에 찌그러지고 곤돌라는 가속도가 붙어 무서운 소리를 내며 낙하하여 지면에 떨어졌다.

피케와 그의 세컨드는 몸이 산산조각났으나, 그란페레와 세컨드의 기구는 그대로 하늘을 날아 파리에서 약 30km쯤 떨어진 곳에 무사히 착륙하였다.

기록에 사람을 쏘지 않고 기구를 쏘아 떨어뜨린 것이 결투의 규칙에 비추어 정당했던가에 관한 언급은 없다.

두 과학자의 기구와 양치기 소녀

과학자들은 이윽고 기구를 사용하면 대기의 상태를 연구할 수 있다는 데까지 생각이 미쳤다.

1804년 프랑스의 두 과학자가 기구에 여러 가지 과학 장치를 싣고 하늘을 날았다. 그들은 게이 뤼삭(Gay-Lussac, 1778년~1850년)과 비오(Jean

Baptiste Biot, 1774년~1862년)였다.

그들의 목적은 자석의 바늘이 고공에서도 지상에서와 같이 제대로 움직이는가를 확인하는 데 있었다. 그들의 비행은 무지한 양치기 소녀에게 기적이 일어난 줄 믿게 하였다.

기구는 약 2천 m 높이까지 이르렀으나, 두 과학자는 더 높이 올라가려 하였다. 그래서 싣고 온 실험 기구의 대부분을 곤돌라 밖으로 내버렸다.

그들이 내던진 물건 가운데는 아무렇게나 만들어진 흰 나무 의자가 있었다. 의자는 숲에 떨어졌는데, 하마터면 그 곳에 있던 양치기 소녀를 맞힐 뻔하였다. 대체 그런 물건이 하늘에서 떨어지리라고 믿을 수 없었던 소녀의 놀람은 얼마나 컸겠는가.

어느 고명한 과학자가 말한 바에 따르면, 그녀는 분명 기구와 같이 하늘을 나는 물체가 존재한다는 것조차 모르고 있었다고 한다. 그녀는 이런 뜻밖의 사건에 대해서는 단 한 가지밖에 생각할 수 없었다. 천사가 그 의자를 내려주어 자기가 그것을 쓰게 한 것이라고.

소녀는 의자를 숲에서 꺼내 보았다. 그 의자는 꽤나 조잡하게 생긴 것이었다. 소녀는 고개를 갸웃거렸다. 천사라면 좀더 나은 가구를 만들 텐데 하는 생각이 들었던 것이다.

그런 궁금증이 마침내 풀린 것은 며칠이 지난 뒤였다. 신문이 이 비행을 상세히 보도하여 두 과학자가 기구 밖으로 버린 물건의 리스트가 알려졌던 것이다.

블랙의 수소 풍선

기구에 수소를 채운다는 샤를의 생각은 결코 신기한 발상이 아니었다. 에딘버러 대학의 교수 조셉 블랙(Joseph Black, 1728년~1799년: 영국의 화학자, 물리학자)이 이미 몇 해 전에 실험한 바 있었기 때문이었다.

1776년 블랙은 캐번디시가 수소를 발견한 사실을 알게 되었다. 이때 그는 흔히 얼음 주머니로 쓰이던 얇고 가벼운 소의 오줌통에 수소를 채우면 그것과 같은 양의 공기보다 가벼우므로 하늘에 저절로 떠오르려니 생각했다. 저절로 하늘에 떠오르는 오줌통이라니, 참으로 재미있는 구경거리가 되리라는 생각도 들었다.

어느 날 저녁, 그는 친구들을 만찬에 초대한 자리에서 수소를 넣은 소 오줌통을 공중에 띄워 보였다. 이들은 공중으로 올라가는 기구를 처음 본 사람이 되었다. 그들은 블랙이 어떤 장치로 소 오줌통을 천장으로 끌어올리는 '기술'을 해 보이는지 매우 신기해했다.

그 날 밤의 일을 소개한 글이 남아 있다.

수소가 발견되고 얼마 뒤, 블랙 박사는 수소가 보통의 공기보다 적어도 열 배는 가볍다는 사실을 알고 있었다. 어느 날, 블랙 박사는 재미있는 일을 보여 주겠다면서 친구들을 저녁 식사에 초대하였다. 그 가운데에는 허턴(James Hutton, 1726년~1797년) 박사, 엘던(Eldon)의 클라크(Clarke)

씨, 페니쿠이크(Pennicuik)의 조지 클라크(George Clark) 경 같은 이들도 있었다.

친구들이 모이자 블랙은 그들을 옆방으로 데리고 갔다. 그가 수소 가스를 채운 소 오줌통을 손에 쥐고 있다가 슬쩍 놓았더니, 그것은 대번에 곧추올라가 천장에 붙었다. 구경하던 사람들은 이 현상에 대해서 대수롭지 않게 생각하였다. 소 오줌통에는 가느다란 실이 달려 있고, 그 실이 천장을 거쳐 위층의 방에 이어져 있을 것이라고 생각했기 때문이다. 누군가가 위에서 그 실을 당겨 소 오줌통을 천장까지 끌어 올리고 떨어지지 않게 손으로 실을 잡고 있다고 여겼던 것이다. 파티에 참석한 모든 사람들은 이러한 생각에 동의하였다.

그러나 이 밖의 그럴 듯한 여러 이론과 다양한 생각들도 모두 진실이 아님이 밝혀졌다. 소 오줌통을 끌어내려 보았더니 실은 붙어 있지도 않았던 것이다. 일동이 혀를 차며 놀라워하는 가운데 블랙 박사는 소 오줌통이 솟구쳐 올라간 이유를 설명하였다.

그러나 블랙 박사는 자신의 명성이라든가 일반적인 보도에 대해서는 전혀 무관심하였다. 그래서 이 기묘한 실험에 관하여는 강의 중에도 언급하지 않았다. 수소 가스의 명백한 특성이 파리의 샤를 씨에 의해 기구에 응용되기까지는 무려 12년이나 걸린 것이다.

불 타 는 가 스 의 발 견

연기에서 나온 빛

머 독 과 석 탄 가 스

가 스 등 의 탄 생

성 냥 의 발 명

가 스 등 에 얽 힌 이 야 기

석탄 가스가 발견되기 전부터 큰 도시의 길가에 조명을 밝히려는 노력이 거듭되었다. 예를 들자면, 14세기 초엽에 런던의 어느 시장이 해로타이드(Hallowtide)와 캔들머스(Candlemass) 사이의 주민들에게 겨울에는 밤마다 거리에 등불을 내걸도록 명령하였다는 기록이 있다.

사람들은 야간에 거리를 밝게 할 필요가 있다는 점을 확실히 느끼게 되었다. 도둑이나 그 밖의 엉큼한 일을 꾸미는 무리에게 어두운 거리가 안성맞춤의 사냥터가 된다는 이유 때문이었다.

1668년과 그 몇 해 뒤, 런던의 주민들은 오래 전에 내려졌던 행정 명령을 상기하지 않으면 안 되었다. 하지만 그 명령이 널리 지켜지지는 않았던 듯싶다. 어쩌면 램프 불빛이 충분히 밝지 못한 때문이었을지도 모른다.

1716년이 되자 시의회는 골목길이든 큰길이든 거리에 가까이 있는 집들에 저녁 6시부터 11시까지 하나 또는 그 이상의 불이 켜진 램프를 내걸도록 명령하였다. 그리고 이를 어기면 당시로는 상당히 큰 돈인 1실링의 벌금을 부과한다고 규정하였다.

많은 사람들이 그 명령에 따랐다. 그러나 구태여 램프 불을 켜지는 않았고, 다만 커튼을 치지 않음으로써 방 안의 불빛이 거리를 비추게 하는 데 그쳤다.

몇 해 뒤, 시 당국은 주요 도로의 몇 군데에 기름 램프를 켜 두기 시작하였다. 이들 램프 불빛은 오늘날의 가로등과 견주면 차원이 다를 정도로 어두웠다. 그래서 여유 있는 사람들은 밤나들이를 할 때면 으레 길잡이용 소년을 고용하여 촛불을 밝혀 앞세우곤 하였다.

불타는 가스의 발견

1739년이 되어서야 가스를 조명용으로 쓸 수 있게 되었다. 그 해 겨울, 존 클레이턴이라는 목사가 랭커셔(Lancashire)의 와이건(Wigan)에서 3km 떨어진 밤길을 걸어가고 있었다. 목사는 길가의 시궁창 물이 마치 불타는 듯한 광경을 목격하게 되었다. 그는 "그 물은 마치 브랜디처럼 불붙었다."고 쓰고, "그 불길은 달걀을 삶을 수 있을 정도로 뜨거웠다"고 덧붙여 기록해 두었다.

농부들은 그 시궁창에 어떤 특수한 종류의 물이 섞여 있으려니 추측하였다. 목사는 농부들을 설득하여 시궁창의 물을 흘려보내고, 그 밑바닥을 파헤쳐 보게 하였다.

그의 말에 따르면 땅을 파헤치자 "지면에서 어떤 기체가 솟구쳐 올라왔다."고 한다. 그 기체는 지하에 묻혀 있는 석탄층에서 방출된 가스였다. 목사는 소의 오줌통을 여러 개 모아다가 그 가스를 채웠다.

　그는 익살기도 있었던 사람인 듯, 친구들을 만날 때마다 이 소 오줌통으로 희한한 장난을 해 보였다. 그 오줌통에 핀으로 구멍을 뚫고는, 촛불 앞에 바싹 갖다 대고 오줌통을 천천히 눌러 보인 것이다. 구멍에서 배출된 가스에 불이 붙더니 "오줌통에서 그 기체가 모두 배출되기까지 불은 꺼지지 않고 탔다."고 기록은 전하고 있다.

머독과 석탄 가스

　다음 이야기는 우리를 18세기의 말엽으로 안내해 간다. 젊은 스코틀랜드 인 윌리엄 머독(William Murdock, 1754년~1839년)은 '볼턴 & 와트 회사(물리 이야기 제18장 참조)'의 매니저로 콘월의 현장에서 숙식하며 근무하였다. 이 회사는 그 무렵에 와트가 설계한 고정용 증기 기관을 콘월에서 광산의 물을 길어 올리는 데 사용하고 있었다. 물론 잘 팔리기도 하였다.

　머독의 아버지는 농부며 물레방아를 만드는 목수기도 하였다. 머독은 어려서부터 연구심이 강하여 항상 석탄 가스를 만들고 있었다고도 알려져 있다. 그의 아버지 소유의 밭에는 지면 바로 밑에 토탄으로 불리는 질이 나쁜 석탄층이 묻혀 있었다. 젊은 윌리엄은 이것을 조금 파다가 어머니가 쓰는 토기에 넣었다. 땅에 구덩이를 파놓고 그 안에서 불을 지피고는 토기를 그 위에 놓으니 토기의 주둥이에서 '연기'가 나왔다. 그 연기는 석탄 가스였는데, 불을 붙였더니 노란 불꽃을 내며 탔다.

이 이야기는 어쩌면 와트와 주전자의 이야기라든가 주전자와 증기기관 발명자의 이야기와 마찬가지로 진실이 아닌지도 모른다. 그러나 만일 이것이 진실이었다면, 머독이 새 일자리를 맡고 콘월의 광산 지대 중심부에 살게 되었을 때 어린 시절의 실험이 생각났을 것임에 틀림없다.

1792년 무렵, 그가 이 주택 안의 자기 방을 가스로 밝혀 보려고 결심한 것은 사실이었다. 그가 어떤 방법으로 그것을 해냈는지는 훨씬 뒤에 이르러 이미 노인이 되어 있던 윌리엄 시먼스(William Symons)가 말해 주고 있다.

시먼스에 따르면 "머독은 어린이들을 매우 좋아했다. 곧잘 아이들을 자기 작업장으로 데리고 와서 자기가 하는 일을 구경시키곤 하였다."고 한다.

그러던 어느 날, 당시 7, 8세의 소년이던 시먼스가 다른 몇 명의 아이들과 함께 머독의 방 밖에 있다가, 안에서 일어나고 있는 이상스런 일을 한번 훔쳐보려고 서 있게 되었다.

시먼스와 친구들은 마을 의사인 보아즈(Boaze) 박사와 머독이 낮부터 계속 뭔가에 열중하고 있다는 것을 알았던 것이다. 시먼스는 어떻게 해서든 궁금증을 풀고 싶어했다.

연 기 에 서 나 온 빛

그 때 머독이 나와서 소년 하나에게 가까운 가게에 달려가서 골무를 사 오라는 심부름을 시켰다. 소년은 그것을 사 왔으나, 오다가 길에서 잃어버린 척하면서 호주머니를 뒤적이며 슬쩍 작업장으로 들어갔다. 안에 들어가자 소년은 호주머니에서 그것을 꺼내 놓았다.

소년은 보아즈 박사와 머독이 석탄을 채운 주전자를 불 위에 놓고, 그 주둥이에서 나오는 가스를 태우는 광경을 목격하였다. 그들은 골무를 받아들자 거기에 조그만 구멍을 몇 개 뚫었다. 다음에는 주전자의 주둥이에 조그만 호스를 끼더니 호스 끝에 그 골무를 끼웠다. 그런 다음 골무의 구멍에서 나오는 가스에 불을 붙였다. 그것은 그침이 없이 분출되며 환하게 타올랐다.

가스등의 탄생

머독은 이렇게 하여 석탄 가스에 압력을 가하면 밝은 불빛의 화염이 나온다는 사실을 알게 되었다. 그 결과 얼마 뒤에는 조그만 구멍을 뚫은 버너를 발명하게 되었다. 그리고 곧이어 세계 최초로 가스 제조 공장을 세웠다.

역사적인 이 가스 공장은 그의 집 뒷마당에 세워졌다. 주전자 대신에 특별히 만든 쇠그릇(오늘날에는 레토르트 로(retort 爐)라고 불리는 철제 용기)을 사용하여, 벽돌을 쌓은 아궁이 모양의 앞이 트인 화덕 위에 얹었다.

가스를 집 안으로 끌어들이기 위해 창틀에 구멍을 뚫고 호스를 통과시킨 뒤 그것을 방 안의 천정으로 끌어올렸다. 철제 용기 밑에서 한참 불을 피우자 석탄 가스가 발생했는데, 그것이 호스를 통하여 그의 방 안으로 보내어지고, 그 호스의 끄트머리는 긴 신형 버너에서 불태워졌다.

머독은 자신의 새로운 발명에 고용주들이 흥미를 갖도록 애썼다. 그러나 와트는 도무지 열의를 나타내지 않았다. 열의는커녕 도리어 그에게 석탄 가스의 실험은 중단하고 증기 기관에 관한 일에 노력을 집중하라고 충고하였다.

머독의 실망은 이만저만이 아니었다. 그러던 중 그는 1798년에 버밍엄 공장의 매니저로 출세하게 되었다. 그는 즉시 회사를 설득하여 가스 제조 장치를 만들고 판매할 수 있도록 하였다.

그에게 좋은 기회가 온 것은 나폴레옹 전쟁 중, 1802년에 프랑스와 영국 사이에 평화가 선언되어 전국적으로 축하 행사가 대대적으로 개최되었을 때였다.

아미앵(Amiens)의 평화란?
나폴레옹 전쟁 중의 영국·프랑스 사이에 체결된 평화 조약.

'볼턴 & 와트 상사'는 이 **'아미앵의 평화'**를 축하하여 버밍엄의 소호에 있는 공장을 가스로 조명을 밝히기로 하였다. 그 광경은 다음의 서술이 가리키듯이 참으로 신선한 것이었다.

글쓴이는 자신이 "가스 조명의 첫 공개 전시를 목격하는 기쁨을 얻은 사람 중의 하나."라고 말하며 다음과 같이 기록해 놓았다.

연기에서 나온 빛

155

당시 소호 공장의 조명은 유난스럽게 호화로운 것이었다. 그 넓은 건물의 정면 전체가 가스 조명으로 가능한한 오만 가지 도형을 훌륭하게 전시하는 각종 장치로 장식되었다. 그 찬란한 광경은 참으로 신기하고 놀랄 만한 것이었다. 버밍엄에 거주하는 사람들은 이 곳으로 떼지어 모여들어서, 과학과 예술의 결합이 빚어 낸 찬란한 전시를 바라보며 감탄해 마지 않았다.

성냥의 발명

1802년의 시점에서 머독은 성냥 한 개비로 가스에 점화를 할 수는 없었다. 우리가 오늘날 알고 있는 성냥이 아직 발명되지 않았기 때문이다.

머독은 무쇠와 돌로 한 짝을 이루는 부싯돌과 불쏘시개의 쌈지를 한 세트로 사용하였다. 부싯돌을 그어서 불꽃이 일면 무명 또는 리넨(아마천)의 조각들을 넣은 불쏘시개 쌈지 속으로 뛰어들어가게 한다. 불쏘시개는 미리 반쯤 그을려 불이 잘 붙게 해 놓는다. 불이 붙으면 입김을 불어 불씨로 만든 다음, 가느다란 나무 막대기 끝에 유황을 묻힌 것을 불덩이 속에 쑤셔 넣는다. 곧 유황에 불이 붙고 나뭇개비에도 옮겨 붙는다.

1827년에 스톡턴온티스(Stockton-on-Tees)에 거주하는 화학자 존 워커

(John Walker, 1781년~1859년)가 유황보다 나을 것으로 믿어지는 화합물을 만들어 그것을 나무 막대 끝에 발라 새로운 '불붙이개'를 고안하였다. 이 혼합물의 종류는 확실히 알 수 없으나 아마 유황에 염소산칼륨과 황화안티몬을 섞은 것인 듯하다.

어느 날 워커는 이처럼 새로운 불붙이개를 만들려고 많은 나뭇개비의 한 끄트머리를 혼합물에 담갔다가 꺼내 말려서 굳히는 작업을 하고 있었다.

그러던 중 그는 한 개비를 집어 들다가 실수로 화덕의 돌에 조금 비벼 대고 말았다. 그 때 놀랍게도 화덕의 돌은 차가운 것인데도 불붙이개의 머리에 불이 당겨져서 화염이 솟구친 것이다.

그는 이것을 보고 불붙이개의 머리와 돌이 마찰하여 불이 붙은 것으로 추리하였다. 그래서 이번에는 다른 불붙이개를 집어서 일부러 머리를 화덕에 대고 그어 보았다. 마찬가지로 불이 붙었다. 이렇게 해서 그는 최초로 실용적인 마찰 성냥을 발명하게 되었다. 이것은 '루시퍼'라고 이름 지어졌다.

루시퍼에는 샛별, 또는 사탄 등의 뜻이 있다.

워커는 이 성냥을 만들어서 84개비들이 한 갑을 1실링에 팔았다. 속에는 종이로 만든 조그만 줄도 들어 있었다. 종이 줄은 두 겹으로 접고 그 사이에 성냥개비의 머리를 끼우고 재빨리 빼내면 성냥에 불이 붙게 되어 있었다.

(가스등에 얽힌 이야기)

석탄 가스에서 빛을 얻는 머독의 방법은 널리 보급되었다. 일부에서는 의심하는가 하면, 위험하다고 우려하는 이도 있었고, 반면 환영하는 이들도 있었다.

이 시대의 가스 조명을 둘러싼 재미있는 이야기가 여럿 있다. 그 가운데의 하나는 1818년, 머독이 어느 친구 집에 초대를 받아 갔을 때의 이야기이다.

그 날 밤은 달이 없어서 길이 몹시 어두웠다. 이 때 머독의 머리에 기발한 생각이 떠올랐다. 그는 소 오줌통에 석탄 가스를 채우고 그 주둥이가 되는 부분에 도기로 된 기다란 호스를 달았다. 호스의 끄트머리는 뚜껑으로 닫았다. 이것을 가지고 밤길을 가다가 길을 비추고 싶을 때는 그 가스통을 겨드랑이에 끼고 호스의 마개를 열며 오줌통을 눌렀다. 호스 끝으로 가스가 나가자 머독은 거기에 불을 붙였다.

길을 가던 사람들은 이 불을 보고 가스가 공장에서 버너까지 운반되는 도중에 호스 속에서 타 버릴 거라고 생각했다.

당시에 그려진 어느 만화에는 한 아일랜드 인이 이렇게 말하는 장면을 그려 놓고 있다.

어이구, 저것 보라구! 저 사람이 저렇게 (호스 속의) 물을 통해서 불을 날라 가다가는 템즈 강이나 리페 강(Lippe River)도 순식간에 불타 버려서 사랑스러운 청어가 모두 새까맣게 타 버리겠는걸.

또 하나의 이야기에 따르면, 국회 의사당에 가스 조명을 장치하는 공사를 맡은 기능공들이 뜨거운 파이프 때문에 건물이 타지 않게끔 가스관을 벽에서 10cm 떼어 설치하고 싶어했다고 한다.

아무튼 과학자를 비롯한 그 밖의 유식한 사람들조차 이 새로운 등불이 그리 오래 가지는 못할 거라고 생각하였다. 저명한 화학자 울러스턴(William Hyde Wollaston, 1766년~1828년 : 팔라듐과 라듐을 발견한 과학자)은 이렇게 말했다.

"그 따위 생각을 하느니, 차라리 달의 조각을 가지고 런던을 비추기를 시도하는 편이 나을걸."

험프리 데이비조차도 "그들은 세인트폴 교회당의 둥근 지붕을 가스 탱크로 사용하고 싶다는 생각이나 아닌지." 하고 빈정거리는 투로 말했다.

또 월터 스콧(Sir Walter Scott, 1771년~1832년: 스코틀랜드의 시인, 작가)은 친구에게 보낸 편지를 통해서 이렇게 말했다.

런던을 가스로 밝히려고 꾀하는 미치광이가 있다네. 자네, 저것이 무엇인지 아나? 어이없게도 연기란 말일세.

그로부터 50년이 지난 1873년, 페르시아의 왕이 런던을 방문하였다. 왕은 가스 조명에 크게 인상을 받고 있는 터여서 가스 공장을 견학하고 싶다고 청하였다.

이 날 가스 공장을 견학하던 왕은 여러 질문을 했다. 그에 대한 답변 가운데 "가스 조명은 머독이라는 사나이의 연구 고안으로 가능해졌다."는 이야기가 나왔다. 왕은 이 말에 아시리아, 바빌로니아, 페르시아의 조상들이 숭배한 '빛의 신 머독(Merdock)'■을 연상하였다.

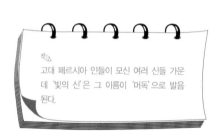

고대 페르시아 인들이 모신 여러 신들 가운데 '빛의 신'은 그 이름이 '머독'으로 발음된다.

그래서 왕은 '빛의 신'이 부활하여 스코틀랜드 인 윌리엄 머독으로 나타났음에 틀림없다고 단언하였다. 그러고는 머독의 초상화를 보내 달라고 부탁하여, 그것을 테헤란(Tehran)과 카스르 카자르(Kasr Kadjar)에 있는 왕의 궁전에 장식하도록 신하에게 명하였다고 한다.

석탄 가스를 사용하여 빛을 얻을 수 있다는 사실을 발견한 사람으로는 머독 외에도 몇몇 사람의 이름이 일컬어진다. 그러나 그것을 대규모로, 예를 들어 집 안의 조명을 위해 처음 사용한 영예는 당연히 머독에게 주어져야 옳다.

이 책에 나온 등장인물들이에요! 1탄

열역학 제3법칙을 공식화하고 근대 물리화학의 토대를 쌓은 독일의 과학자 네른스트

근대 원자론을 제시한 영국의 화학자이자 물리학자 돌턴

근대화학의 창시자로 과학의 여러 분야뿐만 아니라 공공 분야에서도 많은 업적을 남긴 라부아지에

다이너마이트 등 강력한 폭발물들을 발명했으며 노벨상을 제정한 스웨덴의 화학자이자 실업가 노벨

최초로 인위적 원자 붕괴를 실현한 영국의 화학자이자 물리학자 러더퍼드

역사소설의 창시자이자 가장 위대한 역사소설가로 꼽히는 스콧

최초의 여성 평화주의자의 한 사람으로, 알프레드 노벨이 노벨 평화상을 제정하는 데 영향을 준 오스트리아의 소설가 주트너

니콜라 로베르와 함께 최초로 수소기구를 띄운 프랑스의 수학자이자 물리학자 샤를

열기구 개발의 선구자이고, 처음으로 줄을 매지 않고 비행한 몽골피에형제

14

소 다 수 의 제 조

소다수와 생쥐

산 소 실 험

프리스틀리(Joseph Priestley, 1733년~1804년)는 흔히 '영국 화학의 아버지'로 불린다. 그는 우연한 계기로 과학 연구에 흥미를 갖게 되었다.

그는 요크셔에서 옷감을 짜는 장인의 아들로 태어나, 비국교파의 목사가 되기 위한 교육을 받았다. 따라서 그가 받은 최초의 교육은 고전 교육 같은 것이어서 과학이라고는 전혀 배운 바 없었다.

1767년, 그는 리즈(Leeds)의 밀힐 교회당 목사로 임명되어, 맥주 공장 가까이에서 살게 되었다. 맥주는 보리와 홉과 효모를 큼직한 함지에 넣어서 만든다. 효모는 액체를 발효시키고, 액체는 마치 부글부글 끓듯이 거품을 일으킨다. 이 거품은 이산화탄소가 방출되는 것이다. 이산화탄소는 공기보다 훨씬 무거워서 대부분은 함지 속에 머물러 액체 위에 층을 이루며 고인다.

프리스틀리는 이에 대해 다음과 같은 기록을 남겼다. 여기서 화학 물질의 명칭은 그가 부른 그대로가 아니라 현대의 명칭으로 바꾸어 놓은 것이다.

1767년의 한여름이 조금 지난 어느 날의 일이다. 내가 이산화탄소로 실

험을 할 생각이 든 것은 어느 맥주 공장 가까이에 한동안 살고 있었기 때문이다.

그는 가끔 맥주 양조장에 들러서 발효 중인 액체 위에 괴어 있는 가스층의 두께가 일반적으로 23cm부터 30cm라는 사실이라든가, 가스가 부단히 새로 보급되고 있다는 사실 등을 알게 되었다. 또 불이 붙은 나무 막대나 촛불을 가스층 속에 넣으면 그 때마다 불길은 꺼진다는 점도 발견했다.

소다수의 제조

　그 시절 의사들은 흔히 환자들에게 광천수를 마시라는 처방을 내렸다. 광천수는 독일의 피르몬트(Pyrmont)라는 도시에서 채취되는 것으로, 그 곳에서는 천연의 샘이 보글보글 끓으며 거품을 내고 있었다. 이 물은 힘차게 터지는 샴페인처럼 거품을 일으키고, 상쾌한 맛과 희미한 유황 냄새를 가졌으며, 철분과 이산화탄소가 용해되어 들어 있었다. 광천수는 '피르몬트수'로 불리며 병에 담겨서 수출되었는데, 영국에서는 꽤 비싼 값에 팔리고 있었다.

　어느 날, 프리스틀리는 상큼한 맛이 좋기는 하나 값이 비싼 피르몬트수를 생각하다가, 이산화탄소를 물에 녹이는 방법을 착상하게 되었다. 그 방법은 간단한 것이었다. 유리 컵을 두 개 마련하여 하나에 물을 채우고 하나는 비워 놓는다. 발효하고 있는 액체의 표면 가까이에 빈 컵을 곧추세워 손에 든다. 물이 든 컵을 수면 위 30cm 정도 높이에 들고 빈 컵에 물을 쏟아붓는다. 물은 떨어지는 동안에 가스층 속을 지나므로 이산화탄소를 얼마쯤 녹인다. 다음에는 컵의 위치를 반대로 한 뒤 방금 가스 속을 지난 물을 또 가스층 속을 통과시키며 아래의 빈 컵에 붓기를 몇차례 되풀이한다. 나중에 그가 기록한 바와 같이 이런 방법으로 2, 3분 동안 계속한 결과 거품이 이는 매우 상큼한 물을 컵 가득히 얻을 수 있었다. 그것은 질 좋은 빌몬트 수와 거의 식별이 되지 않았다. 그는 계속해서 적고 있다.

나는 이와 같은 방법으로 피르몬트수를 계속 만들었다. 그것은 내가 이 집을 떠나 이사 가던 1768년 여름이 끝날 무렵까지 이어졌다. 그 집을 떠난 뒤로는 부득이 직접 이산화탄소를 만들어 마셔야 했다. 한 실험이 또 하나의 실험을 유도하여, 나는 끝내 이 목적을 위해 편리하고 값이 매우 싼 장치를 고안할 수 있었다.

프리스틀리가 이산화탄소를 만드는 데 쓴 물질은 백아(白亞)와 산이었다. 그는 여기서 나오는 가스를 물에 통과시켜 불순물을 제거하였다. 백아의 주성분은 탄산칼슘으로서, 여기에 산을 더하면 이산화탄소가 발생한다.

정기제(丁幾劑)란?
timhtrue에서 나온 말로
어떤 약품을 알콜이나
에텔에 녹인 약제.

1772년 그는 새 집에서 다시 피르몬트수를 만들었다. 그의 처방은 이산화탄소 수 1파인트(pint, 약 0.5ℓ)마다 짙은 철분 용액을 포함하는 **정기제** 서너 방울을 넣고 소량의 염산, 주석산 및 서너 방울의 초산을 첨가하는 것이었다. 이렇게 해서 만들어진 물은 "피르몬트수를 비롯한 그 밖의 것과 같은 특별한 효능을 나타내며 똑같이 새콤한 산의 맛을 띄고 있었다."고 그는 주장한다.

프리스틀리는 또 이 같은 처방을 인쇄하여 "이 음료수는 피르몬트수와 같은 효험이 있는데, 피르몬트수는 값이 5실링이나 하지만, 이것은 1페니도 되지 않는다."고 적고 있다.

　이 소다수는 매우 인기 있는 음료가 되고, 또 한때는 괴혈병의 치료약으로도 쓰였다. 괴혈병은 뱃사람들이 많이 걸리는 무서운 질병이며, 이 병으로 죽는 이도 많았다. 신선한 야채를 많이 섭취하면 이 병에 걸리지 않는다는 사실은 알려져 있었으나, 그 이유는 잘못 이해되고 있었다. 곧 신선한 음식물을 소화할 때는 배 안에 오랫동안 저장되어 있던 음식물을 소화할 경우보다도 이산화탄소가 많이 발생한다고 해석되었던 것이다. 따라서 뱃사람에게 이산화탄소를 많이 공급하여 그 부족을 보충해 주면 괴혈병은 치료되려니 믿었다.

　그 무렵에 대부분의 의사들이 이런 치료법을 지지하였으므로 영국 해군은 2척의 전함에 프리스틀리의 탄산수 제조 장치를 설치하였다.

　프리스틀리의 탄산수는 치료법으로는 성공을 거두지 못했으나, 다른 형태로는 큰 성공을 거두었다. 소다수에 과일의 향기를 첨가하여 맛을 좋게 하는 방법이 고안된 것이다. 얼마 뒤에는 영국에서 식탁용의 플레인 탄산수(plain soda, 맛이 들지 않은 소다수)가 대량으로 생산되었고, 미국에서는 향기로운 탄산수가 여기저기서 만들어졌다.

산소 실험

　프리스틀리가 리즈에 살고 있을 무렵, 지름 30cm에 초점거리 50cm

의 채광용 볼록 렌즈를 선물 받았다. 이것을 태양 광선 아래 놓으면 광선이 한 점에 모인다. 특히 여름날에는 이 초점에 열이 모여서 몹시 뜨거워진다.

프리스틀리는 자기 실험실의 여러 물질 하나하나 태양 광선을 집중시켜서 그 효과를 조사하고자 마음먹었다. 그런 작업을 진행하는 도중인 1774년 8월 1일, 그는 참으로 진기한 사실을 하나 발견했다.

그 날 그가 붉은 수은 산화물 위에 태양 광선을 집중시켰더니 일찍이 알려지지 않았던 새로운 기체가 얻어졌다. 그는 이 새로운 기체를 조사하고자 하였다. 그 기체가 바로 산소다.

그는 산소를 가득 채운 그릇 안에 촛불을 넣어 보았는데, 그 때 어떤 일이 벌어졌는가를 그는 다음과 같이 기록하였다.

나는 뭐라고 표현할 수 없을 정도로 놀랐다. 촛불이 기체 속에서 매우 힘차게 타올랐던 것이다. 화염의 힘과 활발한 상태도 놀랄 만했고, 불길이 내는 열 또한 두드러지게 컸다.

나는 당초에 무엇을 위해 이 실험을 했는지 지금에 와서는 생각나지도 않지만, 내가 그 실제의 결과를 전혀 예상하지 못하였다는 사실만은 확실하다. 그 때 다른 목적으로 우연히 눈앞에 촛불을 놓고 있지 않았더라면 아마 그 실험은 결코 시도되지도 않았을 것이다. 또 산소에 관한 후일의 내 실험 자체도 실시되지 않았을는지 모른다.

프리스틀리는 다음에 이 기체 속에서 생물이 살 수 있는가를 실험하였다. 그는 이 실험에 쥐를 사용하였다.

이 실험을 위해서는 조그만 철사 올가미로 하는 쥐잡이가 가장 상책이다. 올가미에 잡힌 쥐는 손쉽게 떼어 낼 수 있다. 쥐의 목을 쥔 채 기체를 넣어서 물 위에 엎어 놓은 그릇 속으로 물 속을 거쳐 옮겨 넣는다. 쥐가 꽤 오랫동안 살 수 있을 것으로 예상한 경우에는 그릇 안에 쥐가 물에 젖지 않고 편히 앉아 있을 수 있게 하는 받침대를 넣어 둔다. 기체가 생존에 적합한 것이면 쥐는 곧 안정을 되찾는다. 물 속에 잠겼다 해서 어떤 고통을 받지도 않는다. 이와 반대로 기체가 독성이 있는 경우에는 쥐의 꼬리를 놓아 주지 않고 있다가, 쥐가 고통스러워하는 조짐을 보일 때 즉시 끄집어 내어야 마땅할 것이다.

쥐는 너무 뜨겁거나 차가워서는 곧 죽어 버리기 때문에 어느 정도 적당한 온도로 다루어야 한다. 나는 으레 쥐를 부엌의 난로 위 선반에 놓아 두었다. 요크셔에서는 연중 난로의 불을 끄는 법이 없다.

1775년의 3월 8일, 나는 쥐 한 마리를 잡아서 산소가 들어 있는 유리 그릇에 넣었다. 그것이 보통의 공기였다면 이런 어미쥐는 그 그릇 속에서 15분쯤밖에 살지 못했을 것이다. 그런데 이 산소 속에서 쥐는 30분을 충분히 살았다. 쥐는 다시 끄집어 냈을 때 흡사 죽은 듯이 축 늘어져 있었으나 그저 몸이 얼었을 뿐 곧 되살아났고, 그 실험에서 아무런 해도 입지 않은 것처럼 보였다.

결과를 더 확인하기 위하여 나는 쥐를 또 한 마리 잡았다. 이 쥐는 45분 만에 죽었다. 아마 그릇을 따뜻한 데 놓도록 배려하지 않았기 때문에 추위로 죽었을 것이라고 추정하였다.

어쨌거나 쥐는 같은 양의 보통 공기 속에서 살 수 있는 시간보다 세 배나 오래 살았다. 나는 이런 종류의 테스트에는 그다지 큰 정확도를 기대하지 않았으므로 쥐를 이용해서 더 이상의 실험을 할 필요는 없다고 생각했다.

산소 속에서 살 수 있었던 쥐의 사례뿐만 아니라 그 밖의 테스트를

통하여 산소가 매우 바람직한 기체라는 사실을 확인하였으니, 이번에
는 나 자신이 그것을 체험해 보고자 하는 호기심에 사로잡혔다.
나는 유리로 된 **사이펀**을 통해서 산소를 끌어내고 그것
을 들이마셔 봄으로써 호기심을 만족시켰다. 나의 폐
가 느낀 산소의 감각은 보통 공기의 그것과 뚜렷이 느
껴질 정도로 차이가 나지는 않았지만 그 뒤 잠깐 동안
가슴이 유난히 가볍고 편안함을 느낄 수 있었다. 그렇더라도
장차 이 '순수한 공기'가 유행의 사치품이 되지 않는다고 그 누가 말할
수 있으리오. 아직은 그것을 호흡하는 특권을 누린 것이 두 마리의 쥐

> 사이펀(Siphon)이란?
> 기압를 이용해서 높은 데로 끌어
> 올린 액체를 다시 낮은 곳으로
> 옮기는 데 쓰는 구부러진 관.

소다수와 생쥐

와 나쁨이지만.

뒷날 프리스틀리는 산소 속에서는 보통의 공기 속에서보다도 연소의 작용이 훨씬 빨리 진행된다는 사실을 밝히며 이렇게 기록하였다.

순수한 산소는 의료에 유용할지 모르지만 신체가 건강한 상태인 우리에게는 그다지 적당치 않을 것이다. 그것은 촛불이 산소 속에서는 보통의 공기 속에서보다도 훨씬 빨리 타 버리듯이, 우리는 이 순수한 산소 속에서는 빨리 살아 버리게 되어 동물적인 에너지가 너무 빨리 다해 버릴지도 모르기 때문이다. 적어도 도덕가는 자연이 우리에게 제공하고 있는 공기야말로 우리에게 가장 알맞은 것이라고 말할 것이다.

이 같은 실험의 기록을 적기에 앞서 프리스틀리는 다음에 인용하는 재미있는 구절도 남겼다. 이 글에 나오는 '철학적'이라는 말은 오늘날에는 '과학적'이라고 바꿔 놓을 수 있다.

이 대목의 내용은 내가 철학적 저술 가운데서 여러 번 말한 의견이 올바름을 뒷받침하는 매우 훌륭한 실례를 제공하리라. 그 의견은 철학적 연구를 크게 고무하므로 아무리 되풀이해도 지나치다고 할 수 없는 것이다. 즉, 이 작업에서는 적절한 설계라든가 예상된 이론보다도 우리가 우연이라고 일컫는 것, 철학적으로 말하면 미지의 원인에서 일어나는 현상의 관찰이 보다 많은 공헌을 한다는 점이다.

1780년 프리스틀리는 버밍엄으로 이주했다. 그가 프랑스 혁명이 일어난 소식을 들은 것은 그가 아직 이 고장에 머물고 있을 때였다. 그는 이 혁명에 공감하였지만 대개의 영국인은 혁명가를 증오하였다. 그런 견해 때문에 프리스틀리는 영국에서 갑자기 미움받는 존재가 되었다.

급기야 1791년, 한 떼의 폭도들은 그의 집을 불지르고 과학 장치와 논문을 포함한 그의 소지품을 거의 파괴해 버렸다. 그 자신도 가까스로 죽음을 면할 정도였던 이 사건이 있은 뒤에는 예전의 친구들도 대부분 그를 기피하게 되었다. 그래서 프리스틀리는 당시 영국보다도 사상과 언론의 자유가 있는 새로운 공화국 '아메리카 합중국'으로 이주하기로 결심하기에 이르렀다. 그 후, 그는 1804년 죽을 때까지 미국에 머물러 살았다.

검둥이가 된 미녀

비 스 무 트 의 특 별 처 방

(해러게이트 온천)

영국의 해러게이트(Harrogate)라는 곳은 엘리자베스 1세 여왕 시대부터 휴양지로 이름이 나 있었다. 그 시절에 어느 시골 의사가 이 고장에서 나오는 샘물에 놀라운 의학적 효험이 있다고 믿고 크게 선전한 때문이었다.

18세기 말엽에는 7월부터 9월에 걸쳐 이 온천장을 찾는 사람들이 약 2천 명이나 되었다. 장거리 여행이 결코 쉽지 않았던 그 시절의 상황을 미루어 보아서 대단한 숫자임에 분명하다.

그들은 대부분 이 곳의 여관에 묵었는데, 그 태반은 초라하던 시골 여인숙이 궁전처럼 큰 건물로 발전한 여관들이었다. 사람들은 내과든 외과든 가리지 않고 온갖 종류의 질병이 낫기를 바라며 멀리서 찾아오곤 하였다.

온천을 갖춘 건물들은 사람들이 그 물을 마실 수도 있고, 또 목욕도 할 수 있게끔 설계되어 있었다. 1794년에 어느 의사가 해러게이트의 온천에 대해 다음과 같은 말을 하였다.

우리가 온천에 가는 것은 사치를 즐겨서이기도 하였으나, 그보다도 치료를 위해서 가는 사람들도 있었다. 특히 해러게이트는 주로 치료를 위해서 간 것이지 사치를 목적으로 간 사람은 하나도 없었다.

비스무트의 특별 처방

해러게이트의 온천 역사는 화장품의 역사에 비하면 매우 짧다고 할 수 있다. 여성들은 아득한 옛날부터 립스틱과 백분을 비롯하여 그 밖에 화학자가 조합하는 갖가지 제품으로 자기 몸을 치장하는 방법을 추구해 왔다.

19세기의 초엽에 많은 귀부인들이 사용한 화장품 중 1600년 무렵 프랑스에서 처음으로 만들어져 많은 약방에서 '블랑 드 파드(Blanc de fard)', 곧 흰 미안료(美顔料) ▪라는 이름으로 판매된 것이 있었다. 이것은 비스무트(bismuth, 독일어로는 wismut), 곧 창연을 함유한 것이어서 '비스무트의 특별 처방'이라고도 불렸고, 살갗에 반짝거리는 흰 광택을 내기 때문에 '펄 화이트(흰 진주)'라고도

이 흰 미안료에는 '블랑 데스파뉴(Blanc d'Espagne '에스파냐의 흰 빛깔'이라는 프랑스어)' 또는 '페르바이스(Perlweiss, 펄 화이트와 같은 뜻의 독일어)' 등 여러 이름이 있다. 그것은 탄산비스무트를 적은 분량의 농초산으로 녹여서 만든 초산비스무트에 많은 물을 부어서 만든다. 화학식은 여러모로 표현된다. 그 조성이 제법에 따라 약간 다르기 때문이다. 예컨대 BiO₃·NO₅·HO 또는 Bi₂O₃·5N₂O₅·8H₂O 또는 Bi(OH)₂·NO₃ 등이 있다. 이 흰 가루는 오랫동안 놓아 두면 잿빛으로 변한다. 화장품으로 사용하면 때로 얼굴이 가벼운 경련을 일으키는 수도 있고, 심한 경우에는 마비를 일으키기도 한다.

불렸다.

　재미있는 사실은 여자들이 이 화장분을 쓸 때, 끔찍스럽게도 토막
낸 토끼의 발을 사용하였다는 점이다.

　'한 늙은 과학자'라고 스스로 일컫는 19세기 초엽의 어느 저술가는
이 화장품을 사용한 어느 부인에 관하여 재미있는 이야기를 적고 있다.

살갗을 희게 하고 싶다고 열망한 부인들은 금속 비스무트의 조합품을 문질러 바르게 마련이었다. 믿을 수 있는 기록에 따르면, 이 조합품으로 아름답게 흰 살갗이 된 어느 부인이 이 마을의 온천물에 들어갔더니 순식간에 옻칠한 양 시꺼멓게 변했다 한다. 이 뜻하지 않은 변화에 그 부인이 얼마나 기절초풍했을지는 상상할 수 있으리라. 그 부인은 비명을 지르며 그 자리에서 까무러쳤다고 하는데, 그녀를 따라온 몸종들도 이 엄청난 이변을 보고는 제정신을 잃을 지경이었다고 한다.

그러나 비누와 물로 씻으면 살갗의 검은 빛깔이 씻겨진다고 관찰해 온 터여서 그들의 공포감은 얼마쯤 가라앉을 수 있었다.

부인은 곧 의식을 되찾고 의사의 설명을 통해 사건의 진상을 듣고 조금 안심하였다. 그러나 자신의 살갗이 그토록 희고 아름다웠던 비밀을 남들이 알아 버렸기 때문에 덮어 놓고 기뻐할 수만은 없었다.

이 '늙은 과학자'의 말은 이어진다.

만약에 어느 부인이 이 같은 조합품을 계속 사용할 생각이라면, 나는 그 부인에게 절대로 석탄불에는 가까이 접근하지 말라고 각별히 충고하고 싶다. 왜냐하면 그럴 때도 역시 얼굴이 시꺼멓게 변색할 것이기 때문이다.

이 늙은 저자는 왜 이렇게 빛깔이 순식간에 변하는가를 설명하고 있다. 그것을 현대 용어로 표현하면 이렇게 된다.

차가운 유황천(硫黃泉)의 물에서는 황화수소의 냄새가 난다. 황화수소의 냄새는 화학을 조금이라도 배운 이는 쉽게 분간해 맡을 수 있다. 이 냄새는 자유로운 가스가 존재하여 발생하는 수도 있으나 황화나트륨이라는 염분 때문에 냄새를 풍기는 수도 있다. 그 고장의 차가운 유황천의 물은 약 0.21%의 황화나트륨을 포함하고 있었다. 이 샘물을 따뜻한 공기에 내놓아 두면 황산나트륨은 산화해서 티오황산나트륨(Tio 黃酸 Natrium : Natrium thiosulfat)이 되어 황화수소가 만들어진다.

비스무트의 화합물 가운데서 소수는 흰 빛깔이지만 그 밖의 것은 노랑빛이며 검정도 한둘 있다. 검정빛 화합물의 하나가 황화비스무트로 실험실에서 비스무트 화합물의 용액을 넣은 시험관 속에 황화수소를 넣으면 쉽게 만들 수 있다.

황화물의 용액은 매우 묽지만 비스무트의 특별 처방을 바르고 이 고장의 광천수에 들어간 부인들의 살갗 위에도 이 검은 화합물은 당연히 생성될 수 있다. 또 그 늙은 화학자가 말한 바와 같이 그것을 바른 부인이 석탄불 가까이에 앉을 때도 만들어진다. 석탄 속에는 황산이 포함되어 있으므로, 그것이 타면 유황의 연기가 내뿜어지고 그것이 비스무트의 화합물에 작용하는 것이다.

16

색맹 화학자

색 맹 을 알 아 채 고

어 머 니 에 게 선 물 한 양 말

예 복 의 빛 깔

돌 턴 의 유 언

영국의 과학이 진보하는 데는 노동자의 아들
이 공헌한 바가 크다. 영국에서 가장 빛나
는 화학자이며 원자 이론■을 정리한 돌
턴(John Dalton, 1766년~1844년)이 그 좋은 예다.

돌턴의 아버지는 컴벌랜드(Cumberland)
마을에서 직조기를 다루는 장인이었고,
어머니는 구멍가게를 열어서 가족의 생
계를 보태며 살고 있었다.

존은 마을의 학교에 다닐 때부터 성적
이 좋았다. 열두 살 때는 이미 교사가 되
었으며, 교단에서도 틈틈이 고전과 수학
및 과학을 연구하며 지냈다. 켄들(Kendal)
의 학교에서도 가르쳤으나 그 곳에 그다지 오래 있지는 않았고, 1793
년에는 맨체스터로 옮겨 가서 뉴컬리지에 근무하였다. 여기서 '맨체스
터 철학회'와의 긴 인연이 시작되었다.

돌턴이 흥미를 느낀 과학 분야는 매우 광범위했다. 그 중 가장 크게
공헌한 분야는 '원자 이론'이었다. 그의 원자 이론은 그 무렵에 알려져

> ✎
> 돌턴이 주장한 원자 이론은 다음과 같다.
> 1. 모든 물질은 더 이상 쪼갤 수 없는 원자로
> 구성된다.
> 2. 같은 원소의 원자들은 크기, 모양, 질량 등
> 이 같다.
> 3. 화학 변화시 원자들이 새로 생기거나 소멸
> 되지 않는다.
> 4. 화합물은 서로 다른 원자가 정수비로 결합
> 하여 만들어진다.
> 그러나 현대 화학에서 그 이론이 수정되었다.
> 첫째, 원자는 원자핵과 전자로 나누어지며, 둘
> 째, 같은 원자라 하더라도 질량이 다른 동
> 위 원소가 존재한다.

있던 화학에 관한 여러 사실을 합리적으로 설명하였다. 화학 결합에 관한 그의 여러 법칙은 19세기의 화학을 확실한 토대 위에 구축하였다.

이 작업은 돌턴에게 세계적인 명성을 가져다 주었다. 국왕, 의회, 과학학회, 여러 대학이 그의 머리 위에 영예의 찬사를 퍼부었다.

그러나 그는 평생 동안 소박한 사람이었다. 그가 성실한 퀘이커 교도의 가정에서 성장하고 교육받았기 때문이었다.

퀘이커란 '프렌드 교회'라고 불리는 크리스트 교의 한 교파의 신자를 가리킨다. 모든 사람은 하느님의 아들이며, 따라서 모든 사람은 하나의 큰 가족 구성원으로서 서로 도와 가며 사이좋게 지내야 한다고 그들은 믿는다.

퀘이커는 또한 전쟁을 거부한다. 그러나 자기 나라가 전쟁에 참가하면, 전선에서의 의료 사업이라든가 그 밖의 인도적인 의무를 위해 지원한다. 프렌드 교회는 목사가 없다. 누구나 예배에서 적극적인 구실을 맡을 수 있다. 예배는 '미팅 하우스(집회사)'라는 검소한 방에서 베풀어진다.

프렌드 교회의 시초는 17세기로 거슬러 올라간다. 17세기는 아직 '다우(thou : 그대)'라는 대명사가 일반적으로 쓰이던 시절이었다. 퀘이커들은 모든 영국인들이 '유(you : 너)'라는 말을 쓰게 된 훨씬 뒤까지도 친근감 두터운 형제처럼 부르는 '다우'를 계속 써 왔다.

돌턴이 살던 시대는 남자고 여자고 할 것 없이 누구나가 화려한 빛깔의 옷을 입고, 부자들은 정교하게 만들어진 값비싼 드레스를 걸치며 사치를 즐겼다. 그러나 퀘이커들은 "사람은 누구나 평등하다."는 신앙을 강조하기 위해 똑같은 종류의 간소한 옷을 입었다. 빛깔은 보통 잿빛이었다. 빨강 같은 화려한 빛깔을 입으면 같은 교도 사이에서 눈에 띄어 구별되기 십상이라 피하게 마련이었다.

색맹을 알아채고

화려한 빛깔, 특히 빨강은 돌턴을 둘러싼 많은 이야기 가운데 유난히 눈에 띄는 구실을 하고 있다. 그의 시각은 보통 사람들의 그것과는 달랐기 때문이다. 그는 색맹이었다.

돌턴이 철저히 색맹을 연구하고, 1794년에 그 결과를 출판하기까지 그의 시각적 결함은 전혀 세상에 알려지지 않았다. 그는 "대개의 사람들은 스펙트럼 속에 여섯 가지의 서로 다른 빛깔, 즉 빨강, 주황, 노랑, 초록, 파랑, 보라색이 있다는 사실을 판별할 수 있으나, 나는 그러지를 못한다. 나에게 붉은 빛깔은 '그림자-빛의 부족'인 잿빛, 또는 뿌옇고 엷은 고동색으로밖에는 보이지 않는다. 노랑, 주황, 초록빛은 거의 똑같이 보인다. 다만 파랑과 보라색이 식별될 뿐이다."라고 적고 있다.

소년 시절의 어느 날, 그는 군대의 행진을 구경하다가 자신의 시력이 여느 아이들과 다른 데가 있다는 것을 깨달았다. 함께 구경하던 소년이 군인들의 외투 빛깔이 참으로 화려한 빨강빛이라고 말했지만, 돌턴은 자기 눈에는 초록빛으로 보인다고 말했다. 그래서 그 곳에 있던 소년들이 일제히 그를 비웃었고, 이 때문에 그는 자신의 눈이 그들과 다르다는 것을 알았다.

그러나 스물여섯 살이 되어 제라늄 꽃을 주의 깊게 관찰할 때까지 그 사실을 완전히 확신하지도 않았다.

훨씬 후 만년에 이르러서 돌턴은 그 때 본 것을 다음과 같이 설명하고 있다.

1792년의 가을, 나는 우연히 촛불로 제라늄의 꽃 빛깔을 관찰하였다. 꽃은 분홍빛이었으나, 평소의 내 눈에는 마치 대낮의 하늘처럼 새파랗게 보였다. 그러던 것이 촛불 속에서는 색깔이 변하여 푸른 기가 전혀 없는 붉은빛이 되다니 무척 놀라웠다. 나는 이 같은 빛깔의 변화는 누구에게나 같은 것이려니 믿어 의심치 않고, 친구들에게 그 현상을 관찰해 달라고 부탁하였다. 그런데 그들은 하나같이 촛불 아래서도 낮 동안의 빛깔과 본질적으로 다르지 않다고 대답했다. 나는 그제서야 깜짝 놀랐다.

자신의 색맹에 관해서 쓴 다른 글에서는 이렇게 말하고 있다.

분홍색은 햇빛 속에서는 하늘의 푸른빛과 같고, 다만 조금 엷게 보일 뿐이었다. 촛불 속에서는 그것이 주황색, 또는 노랑색으로 보였다. 진홍색은 낮 동안의 빛 속에서는 희뿌연 파랑색으로 보이고, 진홍색의 털실은 군청색의 털실과 거의 다르지 않게 보인다.

돌턴은 시각적 결함으로 말미암아 한 친구와 편지로 논쟁을 벌이게 되었다. 돌턴은 이렇게 적었다.

나는 진심으로 주장하네. 분홍색과 장밋빛은 낮에는 엷은 파랑이지만, 밤에는 붉은 기가 도는 노랑빛이 돼. 진홍빛은 푸른 기가 도는 잿빛과 같네.

그러자 그의 친구는 이렇게 놀려 대었다.

자네의 설명에 따르면, 자네는 여성의 아름다움에 대해서도 제대로 알지 못하는 게 되네. 글쎄, 여성들의 두 볼이 지닌 장밋빛 붉은 기를 자네는 엷은 청색이라며 그렇게 감탄하니 말일세.

편지는 이어진다.

만약에 자네가 그런 별난 살갗을 가진 소녀를 알고 있다면, 그런 처녀는 아내로 맞이하기보다는 차라리 구경거리로 내보내기에 걸맞을 걸세.

어머니에게 선물한 양말

또 어떤 이야기는 그가 색맹이라는 사실과 퀘이커 교도라는 사실이 서로 맞물려 언급되고 있다.

돌턴은 캔들의 거리를 걷다가 어느 가게 쇼윈도에서 '실크, 최신 유행'이라고 써 붙여 있는 양말을 발견하였다. 그는 그 양말을 살펴보고 어머니에게 드릴 선물로 한 켤레를 샀다. 어머니가 실크로 된 양말은 한 켤레도 없이, 늘 손수 뜨개질한 양말을 신고 생활하시기 때문이다.

그런데 그가 실크 양말을 어머니에게 드렸을 때, 어머니는 질겁을 하며 소리쳤다.

"존, 네가 멋진 양말을 사다 준 것은 기쁘지만 왜 하필이면 이런 화려한 빛깔을 골랐니? 이런 걸 신고 누굴 만나러 갈 수 있겠니?"

돌턴은 어머니의 말에 몹시 당황하여 그 양말이 자기 눈에는 푸른 기가 도는 회색이어서 퀘이커 교도에게는 딱 걸맞는 것으로 보인다고 말하였다. 그러자 어머니는 이렇게 대답했다.

"아니, 뭐라고? 애, 이 양말은 나치처럼 빨갛단다."

돌턴은 어머니의 말씀이 믿어지지 않았다. 아우 조나단을 불러 놓고 의견을 물었는데, 그의 대답도 돌턴과 같은 의견이었다. 얄궂게도 조나단 역시 색맹이었던 것이다.

이렇게 2 대 1로 불리한 처지가 된 어머니는 이웃집 사람을 불러다

가 물었다. 이웃 사람이 와서 "이 양말은 품질은 확실히 고급이지만,
아무래도 너무 붉어서 탈이야."라고 간단히 결론을 내려 주었다.

그로부터 한참 뒤, 돌턴은 프랑스의 지식인들을 만나기 위해서 파리
를 방문하게 되었다. 그는 이 기회에 옷을 새로 맞추기로 하였다. 그래
서 맨체스터의 한 양복점을 찾아갔다.

맨체스터에서 돌턴은 널리 알려진 사람이었다. 그가 이 가게의 카운
터 위에 놓여 있던 옷감을 가리키며 그것으로 양복을 맞추려 하자 재
단사는 매우 어이없어하며 깜짝 놀랐다. 돌턴이 퀘이커라는 사실을 알
고 있는데, 그가 주문한 복지는 사냥용 코트를 맞추는 데 쓰이는 붉은

천이었기 때문이다.

예복의 빛깔

돌턴이 맨체스터에 머무는 동안, 과학 분야에서의 업적이 그에게 크나큰 명성을 안겨 주었다. 옥스퍼드 대학은 그에게 명예 학위를 주었고, 그가 은퇴하자 정부는 고액의 연금을 수여하였다.

그리고 그는 국왕을 알현하게 되었다. 그래서 한 저명한 과학자가 그에 필요한 준비를 담당하였다. 그는 돌턴이 퀘이커여서 궁내용 예복을 입고 들어갈 수 없다는 점을 알고 있었다. 그런 예복에는 반드시 칼을 차야 하기 때문이었다. 결국 그에게 옥스퍼드 대학의 법학 박사 예복을 입고 들어가도록 권고하였다. 이 예복은 진홍빛이었다. 퀘이커는 그 같은 화려한 빛깔의 옷을 입지 않는 법이었으나, 이 때 돌턴의 눈에는 예복이 '흙빛' 같이 보였으므로 두말 없이 그것을 입기로 하였다.

돌턴의 국왕 알현을 도운 과학자는 이렇게 적어 놓고 있다.

법학 박사의 예복은 대학에서의 의식 외에는 거의 사용된 전례가 없었다. 그래서 돌턴 박사의 의상은 매우 주목을 끌었다. 나는 많은 친구들의 호기심을 만족시키느라 그가 누구인가를 일일이 설명하지 않으면 안 되었다.

그들 가운데 퍼져 있던 가장 많은 추측은 어느 자치시의 시장이 '기사'의 칭호를 받기 위해 상경했나 보다는 것이었다. 나는 그가 누구냐고 묻는 사람들에게 "저분은 시장 따위보다도 훨씬 훌륭한 분이며, 기사의 작위 같은 것이 사람들의 기억에서 새까맣게 잊혀져 버릴 훗날까지도 길이 남을 명성을 얻은 분입니다. 그래서 어서 작위를 얻고 싶어하는 보통 사람들의 쩨쩨한 희망은 눈곱만큼도 갖지 않은 분입니다." 라고 대답하였다.

돌턴의 유언

돌턴이 색맹을 연구한 결과, 그가 고통을 받은 적록 색맹은 '돌터니즘(Daltonism)'으로 불리게 되었다. 돌턴은 이 색맹이 일어나는 원인을 눈의 내부에 있는 액체가 스펙트럼의 붉은 빛깔 가장자리를 흡수해 버리는 데 있다고 믿었다. 그 때문에 빛깔 일부가 도중에서 차단되어 망막에 이르지 못하므로, 이 결함을 가진 사람은 그 빛깔의 존재를 알지 못한다고 하였다. 이런 견해를 시험하기 위해서 죽으면 자기 눈을 검사해 달라는 소망을 표명하였다.

그의 친구인 의사 랜섬(Ransome)은 이 유언에 따라 그의 시체를 검사하기로 하였다. 그는 돌턴의 시신에서 안구 하나를 끄집어 내었다. 어느 기사에 따르면 랜섬은 그 눈알을 자기 눈앞에 갖다 대고 처음에는 붉은 가루를 보고 그 다음에는 파란 가루를 보았다고 한다. 양쪽 모두 그 빛깔로 보였다.

또 하나의 기사에 따르면, 랜섬은 눈의 내부에서 액체를 추출해서 시계의 유리판에 발라 보았다. 이것을 처음에는 붉은 가루에 대어 보고 초록빛의 가루 위에도 대어 보았다. 양쪽 가루 모두 자연의 빛깔로 보였다. 이로써 랜섬은 눈 내부의 액체가 빛깔의 변화를 일으킨 것이 아니라고 결론을 내렸다.

다양한 분야에 대한 실험으로 공기의 조성, 수소의 성질과 특성, 물질의 비열, 물의 조성 및 전기의 다양한 특성과 같은 현상들을 발견한 영국의 물리학자이자 화학자 캐번디시

미켈란젤로와 절친한 친구였으며 브라만테와 라파엘로 등의 예술가를 크게 후원한 율리우스 2세

유기화학에서 현대적인 구조 이론의 토대를 마련한 독일의 화학자 케쿨레

고대의 위대한 군사 지도자 중 한 사람으로 제2차 포에니 전쟁 때 로마에 대항해 카르타고 군을 지휘한 장군 한니발

이 책에 나온 등장인물들이에요! 2탄

아스텍 제국을 멸망시키고 멕시코를 스페인의 영토로 만든 코르테스

율리우스 카이사르의 정부였으며 뒤에는 마르쿠스 안토니우스의 아내가 된 이집트의 여왕 클레오파트라

아우구스투스의 양자로 그가 이룩한 제국의 제도와 영토를 보존하기 위해 노력한 제2대 로마 황제 티베리우스

산소를 발견하고 소다수 만드는 법을 알아낸 영국의 물리학자 프리스틀리

"악화는 양화를 구축한다."는 그레셤의 법칙으로 유명한 영국의 재정가이자 영국 왕립 거래소 설립자인 토마스 그레셤

케 쿨 레 의 화 학 결 합

어느 화학자의 꿈

버 스 에 서 꾼 꿈

제 꼬 리 를 무 는 뱀

벤 젠 의 구 조 결 정 과 그 영 향

건축학을 전공하다가 화학 교수가 된 케쿨레(Friedrich August Kekule von Stradonitz, 1829년~1896년)는 백일몽에 자주 빠져 지내는 것으로도 유명했다.

그는 1829년에 독일의 다름슈타트(Darmstadt)에서 태어났다. 고등 학교를 마치고 대학에 들어가서 건축학을 공부하기 시작했으나, 오래지 않아 화학으로 길을 바꾸었다.

훨씬 훗날, 그는 원자가 어떤 모양으로 연결되어 분자를 만드는가 하는 연구로 세계적인 명성을 얻었다. 젊었을 때 대학에서 건축학을 전공했다는 사실이 그에게 분자의 구조를 연구할 생각을 하게 한 것인지도 모른다.

케쿨레의 화학 결합

19세기의 중엽, 화학자들은 각 원소에 대해서 그것이 결합하는 힘을 가리키는 수, 즉 '원자가'를 매겼다.

예를 들어 수소에는 결합의 1단위를 주고, 산소에는 2단위, 질소에

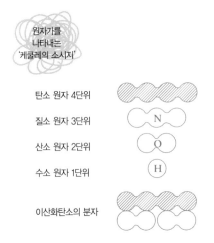

원자가를
나타내는
'케쿨레의 소시지'

탄소 원자 4단위

질소 원자 3단위

산소 원자 2단위

수소 원자 1단위

이산화탄소의 분자

는 3단위, 탄소에는 4단위를 주었다.

케쿨레는 이 같은 연구에 앞장선 사람 가운데 하나였다. 그는 원자를 나타내는 데 왼쪽과 같은 작은 그림을 썼다.

그는 원자의 그림을 조합해서 분자를 나타내었는데, 이산화탄소의 분자는 맨 아래의 그림처럼 표시하였다.

그런데 그와는 달리, 대부분의 화학자들은 보다 간단한 표시법을 좋아하여 원자의 결합을 짧은 선으로 나타내었다. 예를 들어 메탄이나 클로로포름 및 이산화탄소를 이 방법으로 나타내면 아래 그림과 같이 된다. 각 원자 기호에 붙인 선은 그것이 갖는 결합력 단위의 수와 같다.

메탄

클로로포름

이산화탄소

$$H-\overset{\displaystyle H}{\underset{\displaystyle H}{C}}-H \qquad Cl-\overset{\displaystyle Cl}{\underset{\displaystyle H}{C}}-Cl \qquad O=C=O$$

케쿨레는 에탄의 분자처럼 탄소 원자를 두 개 함유하는 분자의 구조를 그리는 데 퍽 곤란을 느꼈다. 에탄 분자는 탄소 2원자와 수소 6원자를 가지고 있다. 따라서 그 구조 속에 탄소 원자가 갖는 결합선은 4 곱하기 2, 여덟 개를 써야 하는데, 수소의 결합선은 모두 여섯 개밖에는 없다.

그는 대담하게 문제와 대결하였다. 그 자신의 말을 빌리자면, "분자는 가장 간단한, 따라서 가장 보통의 구조를 가지고 있다."라고 가정하였다.

그러므로 에탄 분자의 구조는 다음과 같이 쓰여진다.

두 개의 탄소 원자를 잇는 결합선은 각 탄소 원자가 한 개씩 제공해서 만들고 있다는 사실을 알게 된 것이다.

$$
\begin{array}{ccc}
H & & H \\
| & & | \\
H-C & - & C-H \\
| & & | \\
H & & H
\end{array}
$$

버스에서 꾼 꿈

1854년 케쿨레는 화학 과목의 교환 교수가 되어 영국으로 건너갔다. 런던에서 사는 동안 그는 원자의 결합에 관한 아이디어가 머리에 떠올랐다. 다음 이야기는 1890년 독일 화학회에서의 연설 내용인데, 아마도 과학의 역사 전체를 통하여 이토록 중요한 결과를 낳은 버스 여행은 없을 것이다.

나는 런던에 머무는 동안, 한때 클래팜 로에 거주하였다. 그러면서 이 거대 도시의 반대쪽 구석에 자리한 이즐링턴(Islington)에 있는 친구의 집에 가서 자주 밤을 새우곤 하였다. 친구와 나는 별별 이야기를 다 나누었다. 그 중에서도 우리가 함께 좋아하는 화학에 관한 화제가 가장 많았다.

어느 맑게 갠 밤, 나는 집으로 돌아오는 길에 마지막 버스를 타고 언제나처럼 위층 좌석에 앉아 있었다. 버스는 한길을 달리고 있었는데, 다른 시간대 같으면 승객들로 붐볐을 것이지만 이미 밤이 깊어서 사람들이 거의 없었다.

나는 멍청히 몽상에 젖었다. 눈앞에서 원자가 뛰놀기 시작했다. 지금까지 그 조그맣기만 한 존재가 내 눈앞에 나타날 때는 반드시 눈이 어지럽도록 활동하고 있었다. 그런데도 나는 그 때까지 그 운동의 본질을 인식할 수가 없었다.

그러던 것이 이제는 두 개의 원자가 결합해서 쌍을 이루고, 큰 원자가 두 개의 작은 원자를 품어 안고 있으며, 보다 큰 원자가 세 개 또는 네 개를 꼭 붙들고 있는 모양이 보였다. 전체가 어지럽도록 춤추며 돌고 있는 동안에 큰 원자가 차례로 이어져 사슬을 만들고, 그 사슬의 끄트머리에만 작은 원자를 달아매고 있는 모습이 눈에 보였다.

"다음은 클래팜 로입니다."

차장의 목소리로 나는 꿈에서 깨어났다.

그 날 밤, 나는 밤이 늦도록 꿈에서 본 형태를 종이 위에 스케치로 적어 두었다.

그가 꿈 속에서 본 작은 원자는 결합선을 한 개밖에는 갖지 않은 것으로, 큰 원자는 선을 두 개 가졌으며, 보다 큰 원자는 선을 세 개 또는 네 개 가지고 있었다.

두 개의 작은 원자가 쌍을 이룬다는 것은 예컨대 수소 원자 H 하나와 염소의 원자 Cl 하나가 '꿈의 쌍'으로서의 염화수소 분자, 곧 H-Cl을 만드는 것이었다. 이 분자에서는 두 개의 원자가 각기 한 개의 결합선을 가지고 있고 그것이 이어져서 한 개의 선을 만든다.

그와 마찬가지로 큰 원자가 두 개의 작은 원자를 품어안는 것은, 예컨대 한 개의 산소 원자 O가 두 개의 수소 원자 H를 품어 넣어서 물의 분자 곧 H-O-H를 만드는 것이었다.

또 보다 큰 원자가 세 개 또는 네 개의 작은 원자를 포함하는 것은, 예컨대 각기 다음에 표시하는 바와 같은 암모니아의 분자나 메탄의 분자가 이루어지는 경우였다.

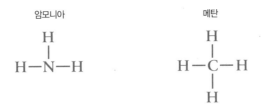

암모니아

$$H - N - H$$

메탄

$$H - C - H$$

제 꼬리를 무는 뱀

케쿨레에게는 아직 풀어야 할 문제가 많이 남아 있었다. 벤젠(Benzen, 벤졸) 화합물이 특히 어려운 문제였다.

벤젠의 분자는 탄소 원자를 여섯 개 포함하고 있으므로 탄소 전체에 결합선이 스물네 개 있으나, 그 밖에는 수소 원자가 여섯 개 있을 뿐이어서 수소 전체로서는 결합선이 여섯 개밖에 없다. 따라서 문제는 스물네 개나 되는 탄소의 결합선과 고작 여섯 개뿐인 수소의 결합선이 알맞게 조화를 이루도록 구조를 그리는 데 있었다.

이 문제를 푸는 열쇠도 꿈 속에서 주어졌다. 어느 날 밤, 케쿨레는 자기 집 벽난로 앞의 의자에 앉아 불을 쬐면서 꾸벅꾸벅 졸고 있었다. 그는 그 때 꾼 꿈을 다음과 같이 묘사하고 있다.

어느 날 밤, 나는 의자에 앉아서 교과서를 쓰고 있었다. 그런데 내 생각은 딴 데 있어 그 일은 진척이 잘 되질 않았다. 나는 의자를 벽난로

쪽으로 돌리고 깜박 잠이 들었다. 다시금 눈앞에 원자가 춤추며 뛰놀았다. 이번에는 작은 원자가 얌전히 뒤쪽에 물러서 있었다. 내 마음의 눈은 이 광경을 자주 보아 와서 한층 날카로워져 있었기 때문에 갖가지 형태를 이룬 보다 큰 구조를 식별할 수 있었다.

　수많은 긴 줄이 서로 바싹 몸을 기대고 서로 비틀리고 휘감기며 뱀 모양의 운동을 하고 있었다.

꿈을 꾸고 있는
케쿨레

그런데 이것은 무엇일까? 한 마리의 뱀이 제 꼬리를 입에 물고 둥그런 고리를 이루고 내 눈앞에서 나를 비웃듯 빙빙 돌고 있었다.

번갯불에 맞은 듯, 나는 눈을 떴다. 그리고 밤새워 가설을 세웠다.

"꿈에서 배우자."고 케쿨레는 말을 잇는다.

그렇게 하면 우리는 진리를 발견하게 될 것이다. 그러나 똑똑히 깨어나서 이해하고 증명하기 전에 그 꿈을 공표하지 않도록 조심하자.

꿈 속에서 그의 '마음의 눈'은 원자가 긴 열을 지어 벤젠의 분자가 되는 모습을 지켜보았다. 그 과정을 다음 그림에 나타내었다.

각 탄소 원자의 네 개의 결합선을 배당하는 데는 그림에서 가리키듯이 탄소 원자끼리 사이에 세 개의 이중 결합을 삽입하지 않으면 안 되었다. 그러나 열 속의 첫 탄소 원자의 결합선 한 개와 마지막 탄소 원자의 결합선 한 개는 아직 상대자가 없이 공중에 매달린 채 있다.

$$-\underset{|}{\overset{|}{C}}=\underset{|}{\overset{H}{C}}-\underset{|}{\overset{H}{C}}=\underset{|}{\overset{H}{C}}-\underset{|}{\overset{H}{C}}=\underset{|}{\overset{H}{C}}-$$

이와 똑같은 원자의 열이 그의 꿈 속에서 '연기의 뱀'이 되어 꿈틀거리며 휘감겼다. 이어 꿈 속에서 그는 한 마리의 뱀이 제 꼬리를 물고 있는 모습을 보았다. 거기에서 힌트를 얻어 첫 탄소 원자의 공중에 매달린 채 남아 있는 결합선을 마지막 탄소 원자의 그것에다 이었다. 그는 이렇게 '사슬을 닫고' 여섯 개의 탄소 원자가 전부 서로 손을 잡고 있는 고리를 얻었다.

인간들도 가족끼리는 서로 비슷한 특징을 갖듯이, 공통된 특징을 갖는 많은 물질이 있다. 케쿨레는 벤젠족에 속하는 물질들이 거의 모든 화학 반응에서 탄소 원자를 최소 여섯 개 포함하는 분자로 이루어진 생성물을 빚어 낸다는 사실을 알았다.

이 족의 모든 물질은 여섯 개의 탄소 원자가 둥그렇게 고리로 이어진 그룹을 포함하고 있음에 틀림없다고 생각했다. 이러한 고찰에서 그는 벤젠의 화학식을 오른쪽 위의 그림같이 쓰기로 하였다.

이 여섯모꼴은 '벤젠의 고리' 또는 '벤젠의 핵'으로 불린다. 이 형태는 여섯 개의 탄소 원자의 결합이 매우 강하여, 웬만큼 심한 화학 반응이 아닌 이상은 흐트러지지 않고 보존됨을 나타내고 있다. '벤젠의 고리'를 생략하여 아래와 같이 쓰는 경우도 흔하다.

벤젠의 구조 결정과 그 영향

'벤젠의 고리'를 이런 형태로 그린 케쿨레의 대담한 착상은 훨씬 뒷날에 이르러 여실히 실증되었다. X선 검사를 비롯한 근대적인 테스트가 발달한 덕분에 벤젠 분자 속에서 여섯 개의 탄소 원자가 여섯모꼴로 나란히 늘어서 있는 사실이 의심할 여지 없이 증명된 것이다.

케쿨레의 이론으로 화학자들은 그 때까지 적절히 설명할 수 없었던 많은 사항을 합리적으로 설명할 수 있게 되었다. 그렇긴 하나 그 최종의 결과가 매우 중요하였다. '벤젠의 핵'의 존재를 가정한 덕분에 화학자들은 '벤젠'에 인연이 가까운 그 밖의 많은 물질-모두 그 화학식 속에 이 핵을 포함하고 있는-을 만들고 또는 합성할 수 있게 된 것이다.

자프(Japp) 교수는 케쿨레를 추도하는 강연에서 다음과 같은 말을 하였다.

케쿨레의 예언이 지니는 정확성은 여느 연구자의 어떠한 예언보다도 화학의 연역적인 측면에 크게 공헌하였습니다. 그의 작업은 '관념의 힘'의 실례로서 탁월한 지위를 차지하고 있지요.

소수의 화학 기호를 종이 위에 그리고 선으로 이었을 뿐인 하나의 화학식이 꼬박 한 세대 동안이나 유기 화학자들에게 일과 인스피레이션(inspiration, 영감)을 공급하고, 역사에서 일찍이 없었던 복잡하기 그지없는 산업에 지침을 주었습니다.

케쿨레가 그어 놓은 선 위에 아직 해야 할 연구가 많이 남아 있습니다. 그렇지만 이것이 완성되었을 때는 케쿨레 이상으로 감사받을 권리를 지닌 사람은 달리 없을 것입니다.

주 석 페 스 트

주석의 변태

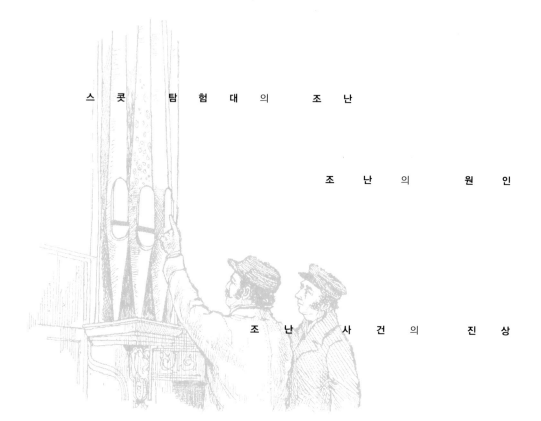

스 콧 탐 험 대 의 조 난

조 난 의 원 인

조 난 사 건 의 진 상

(주석 페스트)

여느 많은 물질도 그렇거니와 주석도 몇 가지 형태로 존재할 수 있다. 은처럼 희게 빛나는 보통의 형체 외에 드물게는 잿빛의 가루도 있는데, 이것도 화학적으로는 흰 주석과 조금도 다름이 없다. 실제로 이 잿빛의 주석을 가열하면 흰 주석으로 변한다. 흰 주석도 적당한 조건 아래서는 잿빛 가루로 변한다.

흰 주석이 잿빛 주석으로 변하는 이 같은 변화의 두드러진 사례를 1851년에 볼 수 있었다. 이 변화는 독일 어느 교회의 파이프 오르간을 수리할 때 발견되었다. 수리해야 할 오르간은 17세기에 만들어진 낡은 것이었으며, 그 오르간의 파이프는 주석 96.23%와 납 3.77%의 합금으로 만들어져 있었다.

수리에 착수한 전문 기술자들은, 오르간의 주된 **음전**의 파이프 표면에 온통 붙어 있는 잿빛의 흠집을 발견하였다. 마치 천연두에 걸린 뒤 얼굴이나 손발에 남는 자국이나 부스럼 딱지 같았다.

음전이란?
음색 음극을 바꾸기 위한
마개 같은 장치.

파이프의 피해는 꽤 광범위하였다. 길이 1.2m의 파이프에 약 50개나 되는 사마귀 같은 돌기가 나 있었다. 돌기의 크기는 지름 6mm부터 크게는 3cm나 되었다. 파이프를 분해하자 그 대부분은 벗겨져서 잿빛 가루가 되었다.

대개의 과학자들은 처음 한동안 이렇게 금속이 가루로 부서진 것은 오르간을 켰을 때 일어난 진동 때문이라고 믿었다. 그러나 그런 생각은 오래 가지 않았다. 또 하나의 사건을 러시아의 어느 우수한 과학자가 다음과 같이 보고하였다.

1868년 2월, 나는 이 고장 어느 회사의 사장을 통해, 그가 관세 창고에 보관해 두었던 주석 막대 중 상당수가 분해되었다는 보고를 받았다. 나는 그 말을 듣고 몇 해 전의 일이 생각났다. 군대의 병참 창고에 저장되어 있던 주석제의 단추를 검사해 보았을 때, 이미 단추는커녕 그 태반이 형태도 없이 분해된 덩어리로 변해 버렸던 것이다.

이처럼 도무지 보상할 길이 없게 손실된 원인을 밝히기 위해 조사가 진행 중이었다. 나는 그 조사 결과로 어떤 결론에 이르렀는지에 관해 아는 바가 없으므로, 이번 사건의 현장으로 달려가서 직접 조사해 보기로 했다. 대부분의 주석 막대는 아직 정상인 것 같았으나, 일부는 이미 많건 적건 간에 본질적인 변화를 일으키고 있었다.

나는 처음부터 주석이 일으키는 변화의 원인은 1867년부터 68년에 걸친 겨울에 이 고장을 휩쓴 이상 저온에 있지 않을까 하는 강한 인상

을 받고 있었다.

　그 뒤에 실시된 실험은 이와 같은 교수의 인상을 반증하였다. 그는

흰 주석은 은처럼 광택이 있는 보통의 금속 주석으로서, 네모진 결정을 이룬다. 밀도는 1cc당 7.29g이지만, 회색 주석의 경우는 1cc에 5.77g밖에 안 된다. 따라서 백주석이 회색의 주석으로 변하면 부피가 약 25%나 늘어난다. 이렇게 부풀기 때문에 회색 주석은 백주석의 표면으로 빠져 나와서 부스럼 같은 모양으로 돋아난다.

전이 온도는 전기적 방법으로 측정한 결과 13℃이며, 전이가 진행되는 속도는 매우 느리다. 온도가 훨씬 내려가도 역시 느리다. 그러나 회색 주석이 조금이라도 있다면 그 전이는 훨씬 빨라진다.

변화에 가장 적합한 온도는 -40℃ 정도로, 이 때 변화의 속도는 최대치를 이룬다. 그러나 이 온도에서조차 속도는 매우 느려서, 회색 주석을 접종하지 않으면 백주석이 전부 전이하는 데는 몇 년씩 걸릴 것이다.

이 변화는 다른 금속이 조금이라도 있으면 느려진다. 어떤 금속은 변화를 완전히 방지하기도 한다.

잿빛 가루의 대부분을 가열함으로써 원래의 상태로 되돌릴 수 있었던 것이다.

오늘에 와서는 우리 눈에 익은 순수한 흰 주석을 13℃ 이하로 냉각시키면 회색의 가루가 되기 쉽다는 사실이 널리 알려져 있다. 특히 -40℃ 정도로 온도를 내리면 쉽게 변화한다. 물론 대개의 나라에서는 기온이 -40℃ 까지 내려가는 법이 없으므로, 혹시 그런 변화가 일어났다 해도 매우 느리게 진행될 수밖에 없을 것이다. 그런데 이런 변화를 빠르게 하면 고온에서도 변화가 일어난다. 일단 변화가 시작되면 삽시간에 주석 전체가 '병들어' 부스럼 딱지로 덮여 버린다.

주석을 세공하는 전문 기술자들은 예부터 이런 질병을 알고 있었다. 그들 사이에서는, 이를 '주석의 부스럼'이니 '주석의 전염병' 또는 '주석 페스트' 등의 이름으로 불러 왔다. ▪ 아닌게아니라, 주석의 부스럼과 인체에 일어나는 천연두는 매우 닮은 데가 있다. 부스럼의 생김새가 닮았을 뿐만 아니라, 그 전염의 방식마저 비슷한 것이다. 천연두 환

자의 몸에서 고름을 빼내어 다른 사람에게 주사하면 같은 병에 걸리듯
이 주석의 부스럼도 '옮는' 것이다.

스콧 탐험대의 조난

　남극을 탐험했던 스콧(Robert Falcon Scott, 1868년~1912년)과 그 탐험 대원
의 비극적인 죽음도 보통의 주석이 회색의 가루가 되어 버리는 변화가
그 원인이 아니었을까 하는 주장이 있었다.

　스콧 대령 일행이 1911년에 남극 대륙에 이르렀을 때, 그들은 그 이
전의 탐험가들이 통상적으로 취해 온 방법에 따라 해안의 기지로부터
될 수 있는 대로 극점에 가까운 데까지 물자 저장소의 보급선을 마련
하였다. 그런 뒤 겨울이 시작되기 전에 선발대가 식량, 연료, 피복을
비롯한 대량의 물자를 싣고 출발하였다.

　도중에 그들은 적당한 거리로 띄엄띄엄 저장소를 설치하고 거기에
물자를 저장하였다. 저장소 가운데 가장 큰 것은 배에서 약 150마일
떨어진 곳에 세워져 1t이나 되는 물자가 저장되었다. 이것을 '1t 캠프'
라고 이름지었다.

　마침내 극점으로 돌진하는 마지막 단계에 이르자 스콧 대령과 4명
의 대원은 식량과 연료유를 실은 썰매를 끌고 1t 캠프를 출발하였다.
그들은 도중의 몇 개 지점에 작은 저장소를 만들고 귀로에 대비하여

아문센이 인류 최초로 남극점에 도달한 것은 1911년 12월 14일로, 스콧보다 35일 앞선다.

식량과 연료를 남겨 두었다.

그들은 최고 속력으로 전진하여 마침내 극점에 이르렀다. 그러나 그 곳에 기다리고 있던 것은 크나큰 실망뿐이었다. 미풍 속에 노르웨이의 국기가 펄럭이고 있었다. 그것은 스콧의 라이벌인 노르웨이의 탐험가 아문센(Roald Amundsen, 1872년~1928년)이 세운 것이었다. 아문센은 스콧과는 다른 경로를 통해 앞서 극점에 이른 것이었다. █

귀로에 올랐을 때의 날씨는 좋았으나, 얼마 뒤에 거칠어져 무서운 상태가 되었다. 강한 바람과 눈보라가 휘몰아쳐서 얼음에는 크레비스(Crevice: 좁고 깊게 갈라진 짬)가 많이 생겨 썰매의 전진이 곤란해졌다.

얼마 뒤, 대원 하나가 심한 동상에 걸려 죽었다. 그러나 나머지 대원들은 전진을 계속하여 코스에 설치한 작은 저장소에 찾아들었다. 거기서 그들은 남겨 놓은 식량을 발견했으나 어찌된 일인지 연료유는 남겨 둔 양보다 훨씬 줄어 있었다.

그들의 여행은 그로부터 한 달이나 더 이어졌다. 그 동안 오츠(Oates) 대령은 동상으로 심한 고통을 겪고 있었다. 오츠 대령은 이미 살아날 수 없을 뿐더러 대원들에게 방해가 되고 있다는 사실을 깨달았다. 그래서 스스로 목숨을 끊음으로써 동료 대원들이 안전 기지로 도달할 기회를 많이 갖게 하자고 결심하였다. 그러고는 텐트 밖으로 나가 휘몰아치는 눈보라 속으로 자취를 감추었다. 그러나 유감스럽게 그의 희생도 헛된 일이 되고 말았다.

나머지 세 명의 탐험가는 행진을 계속하였다. 그들은 마침내 안전
기지에서 32km 떨어진 저장소에 이르러 식량과 연료유를 보급하였다.
여기서도 연료유의 양은 예측했던 것보다 훨씬 적었다.

그들은 다시 또 15km 전진했다. 또 심한 눈보라가 휘몰아쳤으므로,
그 날은 캔버스 안에서 야영하기로 하였다. 그 눈보라는 며칠 동안이
나 계속되어 누구하나도 캔버스 밖으로 나갈 수가 없었다.

식량보다도 연료가 먼저 바닥나 버릴 것이 뻔했다. 남극에서는 열,
특히 따뜻한 마실 것이 절대로 필요하다는 사실은 누구나 익히 알고
있었다. 그런데 연료를 한 방울도 남김없이 다 써 버린 마당에도 날씨
는 여전히 고약하기만 하였다.

운명은 끝내 결정되었다. 그들은 1t 캠프와 안전 기지로부터 고작
18km밖에 떨어져 있지 않은 지점에서 모두 죽었다.

스콧 대령은 탐험 내내 일기를 썼는데, 죽음의 직전에 다음과 같이
적어 놓고 있었다.

우리가 견디어 온 몇 달은 어느 누구도 감당해 본 경험이 없는 고통일
것이다. 만약에 오츠 대령의 발병과 저장소에서의 연료 부족—어찌된
까닭인지 알 수 없으나—이 없었다면, 그리고 끝으로 우리가 마지막 보
급을 할 수 있을 것으로 기대하였던 저장소로부터 고작 18km 떨어진
지점에서 우리를 덮친 무서운 눈보라가 없었다면, 아무리 날씨가 나빴

주석의 변태

211

을지라도 우리는 한사코 뚫고 나갔을 것이다.

조난의 원인

스콧의 죽음이 있은 훨씬 뒷날에 이르러 어느 미국의 화학자는 연료 유가 부족했던 원인을 다음과 같이 설명하였다.

기름통은 아마 지극히도 순수한 주석으로 납땜질해져 있었을 것이고 이것은 남극의 극단적인 추위를 견디어 내지 못하고 회색의 가루로 변질해 버렸을 것이다.

연료유를 넣은 쇠통은 양철판을 재료로 하고, 그 이음매를 납땜질하여 만들어지게 마련이다. 그래서 이런 추론도 나올 수 있었던 것이지만, 이 미국의 화학자는 실제로 어느 정도의 순수한 납이 사용되었는지를 조사해 보지 않은 것 같다.

하긴 스콧 자신이 일기에 그렇게 애써 적고 있는 걸 보면 그 해 남극의 추위가 혹독했음은 분명하다. 그런 상황 속에서 만약 땜질한 납 속의 주석이 조금이라도 회색의 주석 가루로 변해 있었다면, 그 가루의 대부분은 깡통의 이음매에서 떨어져 작은 구멍이 뚫렸으리라. 그런 구멍이 많이 생겨, 몇 주일씩 지나는 동안에 상당한 양의 기름이 새어 나갔을 것이다.

"수색대는 1t 캠프에서 **퇴석**의 표지 바로 밑에 설치한 캔버스의 탱크 속에 저장되어 있었던 식량의 일부가 2m 위의 퇴석표 꼭대기에 얹어 놓은 깡통 속에서 저절로 새어 나온 기름 때문에 기름범벅이 되어 있던 사실을 발견했다."라고 기록되어 있는 것으로 보아 기름이 깡통 밖으로 새어 나간 사실에는 의심의 여지가 없다.

퇴석이란?
빙하의 얼음에 깎이고 그 흐름에 운반되어 쌓인 돌, 모래, 흙, 또는 무더기로 쌓아 놓은 돌. 빙퇴석.

그러나 그것이 왜 새어 나왔는가의 이유는 앞에 말한 설명으로 납득할 수 있을지는 별개의 문제다. 누설에 대한 설명이 처음 제시된 시점에서는, 오늘날 알려져 있는 바와 같은 정보는 무엇 하나도 수집되어 있지 않았다. 순수한 주석은 불순한 것보다도 훨씬 변화되기 쉽다. 또 실제로 변화가 일어나는 것은 최고 순도의 주석뿐이라는 사실은 널리 알려져 있다. 그러나 통상적으로 쓰이는 땜납의 대부분은 상당한 비율로 납을 포함하고 있다. 이 납의 존재는 변화를 크게 방해하였을 것이다. 땜납은 훨씬 전부터 저온으로 사용되는 여러 장치, 예컨대 냉동기의 부속품에 쓰여져 왔다. 그러나 주석의 페스트가 이들 장치를 침식했다는 사례는 하나도 기록되어 있지 않았다.

깡통을 만드는 데 사용된 땜납 속의 주석이 영국을 출발하기 전부터 회색의 주석에 감염되어 있었을 가능성이 조금이나마 있기는 하다. 감염된 백주석은 아무리 불순해도 오랫동안 저온에 놓아 두면 회색 주석으로 변질될 수 있다.

조난 사건의 진상

그러나 주석에 작은 구멍이 뚫렸다는 가정은 스콧 탐험대의 구조를 위해 극점을 향해 가다가 도중에서 1t 캠프에 머무른 팀의 지휘자가 관찰한 사실과 일치하지 않았다.

그 지휘자는 이렇게 적고 있다.

이 캠프에 남겨져 있는 물질을 조사한 결과, 퇴석표의 꼭대기에 얹혀 있던 파라핀이 든 양철통 하나가 새어서 퇴석표 밑에 놓여 있던 물질을 더럽혀 놓은 사실을 알게 되었다. 그 양철통에는 단 한 개의 구멍도 나 있지 않았다.

양철통에 구멍이 나 있지 않았다고 단정하고 있는 이상, 구멍이 육안으로 알아볼 수 없을 정도로 작았다고 가정하지 않고는 앞서 말한 누설의 설명을 받아들이기는 어려워진다.

스콧의 일기를 편집한 L. 헉슬리는 전혀 다른 설명을 덧붙이고 있다.

연료유가 부족한 원인에 관해서 말한다면, 어느 저장소의 기름통이고 할 것 없이 모두 더위와 추위의 극단적인 조건에 드러내어져 있었기 때문일 것이다. 기름은 특히 휘발성이 높아서, 태양열을 받아 증기로 화하기 쉽다. 양철통은 원칙적으로 퇴석표 위의 손에 닿는 위치에 놓여 있게 마련이다. 양철통은 비록 아무런 손상이 없더라도 자칫 새기 쉽게 되어 있었다. 그 누설은 통마개 둘레의 가죽띠가 썩었기 때문에 몹시 가속화되었다.

그러나 오늘에 와서는 앞에 적은 미국 화학자의 설명을 부정해도 되는 확고한 이유가 있다.

1956년, 어느 남극 탐험대가 45년 전에 스콧이 남긴 물자의 일부를 찾아 내어 영국으로 가지고 돌아왔다. 그 가운데는 몇 개의 기름통이 있었는데, 이 양철통들은 주석의 안전성을 테스트하기 위해 과학자들에게 넘겨져 연구 대상이 되었다. 그 결과, 다음과 같은 성명이 뒷날에 발표되었다.

주석을 저온 속에 놓아 두었을 때의 안전성 여부는 1911년의 스콧의 남극 탐험대가 남긴 양철통의 상태로부터 알 수 있다. 양철통은 1957년에 주석 연구소에서 조사되었다. 그 결과, 외부에서도 내부에서도 회색의 주석이라고는 흔적조차 발견되지 않았다.

19

다이너마이트와 노벨상

손 가 락   위 에 서   태 어 난   폭 약

평 화   사 상 과   노 벨 상

1846년, 이탈리아의 화학자 소브레로(Ascanio Sobrero, 1812년~1888년) 교수는 강력한 폭발력을 가진 새로운 물질을 발견하였다. 이것은 곧 많은 용도에 걸쳐서 지금까지의 화약과 대치되기에 이르렀다. 새 물질은 니트로글리세린(Nitroglycerine)이라고 불렸는데, 마치 기름 같은 액체로서 폭발하기가 매우 쉬워서 뜻하지 않은 사고가 일어나기도 했다. 일반적으로 이 액체는 딱딱한 표면 위에 흘려두고 두드렸을 때 폭발하는데, 때로는 그것을 담은 병을 조금만 흔들어도 폭발하는 수가 있었다.

발견자인 소브레로는 이와 같은 성질을 알고 이 기름을 공업용으로 사용하는 것은 위험하다고 경고하였다. 그러나 뒷날에는 비교적 안전한 사용법이 발견되어, 채석장이나 광산에서 암석을 폭파하는 데 널리 쓰였다.

다이너마이트의 발명

1860년, 오래 전부터 폭약에 관심을 갖고 있었던 이마누엘 노벨

(Emmanuel Nobel)은 스톡홀름 가까이에 니트로글리세린의 제조 공장을 세우기로 하였다. 두 아들이 함께 아버지의 모험적 사업을 도왔으나, 불행히도 이 사업은 지극히 비극적인 사건으로 출발하였다. 공장을 시작한 지 불과 며칠 후 폭발 사고로 공장이 산산이 파괴되고, 많은 공원들이 죽거나 다쳤던 것이다. 노벨의 아들 하나도 사상자 명단에 포함되어 있었다.

노벨의 타격은 컸으나 살아남은 아들 알프레드 노벨(Alfred Bernhard Nobel, 1833년~1896년)의 도움으로 사업을 다시 할 수 있었다. 공장에서는 다시 니트로글리세린을 상업적 규모로 생산하게 되었다.

이 액체는 흔들리기만 해도 폭발하곤 했으므로 무엇보다도 운반에 큰 어려움이 있었다. 이를 운송할 때는 그것을 넣은 쇠통이 나무 상자 속에서 움직이지 않도록 단단히 고정되어야 했다. 그래서 나무 상자 속의 빈 공간은 톱밥 같은 것으로 꽉 채워졌다.

그렇게 했어도 니트로글리세린에는 금속과 반응하는 불순물이 함유되어 있기 때문에 가끔 쇠통에 작은 구멍이 뚫리기도 했다. 그렇게 되면 그 곳으로 새어 나온 니트로글리세린이 톱밥에 배어서 퍼진 뒤 밖으로 흘러나와 도로나 철로 선로를 적시는가 하면, 쇠통을 다루는 사람의 옷이나 장화에 묻기도 하였다.

나중에는 톱밥 대신에 '**규조토**'가 쓰이게 되었다. 함부르크 가까이에 있던 노벨의 공장 일대에 규조토의 대규모 광상이 묻혀 있었다. 그것을 파내기도 쉬워

규조토란?
흰 가루로 된 물질로, 육지가 바다 밑에 자리했던 태고 시대에 살던 극히 작은 바다의 생물 '규조'의 주검이 쌓여서 이루어진 것이다.

서, 상자 속을 채우는 데 얼마든지 쓸 수 있었다.

규조토를 사용하고부터 얼마 지나지 않았을 때의 일이다. 한 노동자가 짐을 푸는 작업 중에 재미있는 현상을 발견하였다. 쇠통 속에서 니트로글리세린이 나왔어도 모두 규조토에 흡수되어 상자 밖으로는 조금도 새어나오지 않았다고 한다.

알프레드 노벨은 이 사실을 귀담아듣고, 규조토를 훨씬 효과적으로 사용할 수 있는 아이디어를 떠올렸다. 그는 즉시 실험에 착수하였다. 그 결과, 규조토는 다공질이어서 자기 무게의 약 세 배나 되는 니트로글리세린을 흡수하지만, 그 흡수 비율은 극히 작다는 사실을 알게 되었다. 반면 니트로글리세린이 스며든 규조토덩이는 보통 액체와 상당한 성질의 차이가 난다는 사실도 밝혀졌다.

가장 중요한 것은 충격에 민감하지 않다는 점이었다. 따라서 아무리 흔들려도 폭발하지 않았으며 실제로 그것을 옥외에서 불태워 보아도 폭발하지 않았다. 그러나 폭발 신관을 사용해서 기폭하면 격렬하게 폭발하였다. 노벨은 이것을 다이너마이트(dynamite)라고 이름지었다.

이 이야기는 워낙 유명하여 화제로 자주 이용된다. 그러나 실제로 노벨이 직접 말한 다이너마이트 발견의 경위와는 일치하지 않는다. 그는 액체를 흡수할 수 있는 물질을 발견하려고 계획적으로 실험을 진행하였다고 한다. 목탄, 벽돌 가루, 그 밖의 다공질의 물질 등을 여러모로 시도해 보았으나 전혀 성공하지 못하였다. 그러다 규조토로 실험해 보고, 이 목적에 가장 안성맞춤의 물질을 알게 되었다는 것이다.

손가락 위에서 태어난 폭약

새로운 폭약 다이너마이트는 곧 여러 방면에 사용되었다. 터널, 도로 등을 건설할 때나 채석장에서 암석을 폭파할 때, 그리고 광산이나 그 밖의 여러 목적으로도 쓸 수 있었다.

금고의 문을 날려 버리고, 그 알맹이만 꺼내 가는 금고털이도 그 가운데 하나였다. 그런 목적을 위해서는 다이너마이트의 끈적끈적한 성질이 특히 효과적이었다.

니트로글리세린이 다이너마이트와 같은 안전한 형태로 운반할 수 있게는 되었지만 수송에 관한 곤란은 여전히 남아 있었다. 철도 회사가 다이너마이트의 수송을 거부하기 때문에 광산과 채석장에서 파견된 '무쇠 같은 신경을 지닌 세일즈 맨'들은 다이너마이트를 손짐처럼 다루어 트렁크 속에 넣거나 또는 '유리 주의'라는 라벨을 붙인 상자 속에 넣고 운반하였다고 한다.

또 '도자기, 파손 주의!'라고 써서 슬쩍 호텔의 샘플실에 놓아 둔다거나 자기 침대 밑에 숨겨 놓는 일도 있었다.

노벨은 많은 나라에 니트로글리세린 제조 공장을 건설하려 했으나 처음에는 도무지 뜻대로 되지 않았다.

그는 자신의 발명에 재정적으로 후원해 줄 사람을 찾아 파리로 갔다. 그는 프랑스의 은행가들에게 "나는 지구를 날려 버릴 수도 있는 기름을 가지고 있다."고 말했다.

알프레드 노벨

그러나 은행가들은 자기들의 관심은 지구를 지금 있는 대로 놓아 두는 데 있다고 말하였다.

노벨이 뉴욕에 갔을 때 그의 짐은 다이너마이트를 채운 서너 개의 트렁크뿐이었다. 어느 호텔도 그를 받아 주려 하지 않았고, 뉴욕 사람들은 마치 노벨이 호주머니 속에 전염병이라도 숨기고 있다는 듯이 그를 피했다고 한다.

노벨을 둘러싼 이와 같은 일화는 수없이 많지만, 그 중에는 전혀 근거가 없는 것도 있다.

결국 노벨은 프랑스를 비롯한 그 밖의 여러 나라에 공장을 설립하는 데 성공하였다. 특히 1875년에 다음과 같은 발견을 하고는 만사가 순조롭게 풀려 나갔다.

그 해 어느 날 노벨은 니트로글리세린으로 실험을 하던 중 손가락을 베어 상처에 콜로디온(Collodion)이라는 액체를 발랐다. 콜로디온은 그 시절에 상처난 데 으레 쓰이던 것이다. 콜로디온을 바르면 순식간에 굳어져 일종의 피부처럼 상처를 덮어 씌워 오염을 방지해 준다.

노벨은 손가락에 '새 가죽'을 붙이고 실험을 계속하였다. 그러다 니트로글리세린을 조금 흘려서 그 일부가 콜로디온 위에 떨어졌는데, 정말 뜻밖의 현상이 일어났다. 콜로디온이 놀라운 변화를 보인 것이다.

과학자다운 탐구욕을 가진 노벨이 이런 예기치 못한 현상을 보고 무심히 지나칠 리 없었다. 그는 즉시 콜로디온을 사용하여 몇 가지 재미있는 실험에 들어갔다. 그 과정에서 잘게 나눈 콜로디온을 니트로글리세린과 함께 가열하면 껌을 닮은 물질이 생성된다는 사실을 알게 되었다. 그리고 이 투명한 젤리 모양의 껌이 다이너마이트보다도 더욱 강력한 폭약이라는 사실을 발견하였다.

노벨은 이 새로운 물질을 제조하여 '다이너마이트 껌'이라고 이름 붙였다. 그러나 뒷날 다이너마이트 자체와 혼돈될 염려가 있으므로, '폭파 젤라틴(gelatine)'이라는 이름을 붙였다.

이 우연한 경위에 관해서는 다이너마이트의 경우처럼 노벨도 부정하지는 않고 있다. 따라서 폭파 젤라틴이 인간의 손가락 위에서 태어난 것이지, 시험관 속에서 탄생한 것은 아니라는 설은 잘못이 아닌 듯하다.

평화 사상과 노벨상

노벨의 친구 가운데 주트너 남작 부인으로 통칭되는 베르타 폰 주트너(Bertha von Suttner, 1843년~1914년: 오스트리아 소설가)가 있다. 오스트리아의 백작 집안에서 태어난 그녀는 젊었을 때 잠깐 노벨의 비서로 근무했는 데, 노벨이 그녀에게 구혼했으나 거절했다는 일화도 있다.

그녀는 《그대의 무기를 내려놓아라(Lay down your arms)》라는 책을 내어 평화주의자들 사이에 크게 인기를 끌었다. 그녀는 전쟁을 없애려는 자신의 노력에 대해 노벨의 협력을 얻고자 애썼고, 노벨 또한 그녀의 생각에 크게 공감하고 있었다.

그러나 모든 국가로 하여금 전쟁의 어리석음을 깨닫게 하기 위해 어떠한 방법이 가장 적합한가 하는 관점에서 노벨은 그녀와 의견을 달리하고 있었다. 노벨은 이렇게 말하였다.

"나는 일체의 것을 황폐화시킬 수 있도록 무서운 힘을 가진 물질, 또는 기계를 만들어서 그로써 전쟁이 완전히 불가능해지기를 바란다."

그는 그녀에게 이렇게도 말하였다.

"나의 공장이 당신의 회의보다도 먼저 전쟁을 종식시킬지도 모릅니다. 어느 날엔가 두 나라의 군대가 불과 1초 동안에 서로 상대국을 말살할 수 있게 된다면, 모든 나라는 공포에 못 이겨서도 전쟁에 등을 돌리고 군대를 해산하겠지요."

재미있는 일은 그로부터 50년쯤 지나서 수소 폭탄이 발명되었을 때 나타났다. 노벨이 일찍이 예언한 바와 같이 세계의 여러 나라 사람들은 장차 큰 분쟁이 일어나면 인류의 절멸을 초래하는 무서운 결과가 되리라고 예상하고, 전쟁에 등을 돌렸다.

그런 감정을 표현한 것은 다른 사람이 아니라 미국 대통령으로 제2

차 세계 대전의 연합군 총사령관이었던 아이젠하워(Dwight David Eisenhower, 1890년~1969년)였다. 아이젠하워는 1959년 8월 31일에 이렇게 방송하였다.

우리가 평화에 관해서 말할 때는 만사를 뒤로 하고 그것을 이룩하여야 합니다. 전쟁은 문명 전체를 파괴하는 너무나 엄청나게 무서운 존재입니다.

전세계의 정치가뿐 아니라 모든 인류를 위해 말하거니와 우리가 무엇을 하든지, 그 행위는 모두 오직 하나의 목적을 지향해야 하며, 선량한 신이 우리에게 내려 주신 두뇌로 동원할 수 있는 온갖 예지로써 이 목적을 이루도록 우리는 보장할 책임을 지고 있습니다.

노벨은 일찍이 그와 같은 예언을 했을 뿐만 아니라 그보다도 훨씬 크게 평화를 위해 공헌하였다. 수백만 파운드에 이르는 거대한 유산을 인류의 행복을 위해 사용하기로 한 것이다. 그 돈은 상비군의 폐지, 또는 병력의 축소를 위해 노력하거나 또는 평화에 관한 회의를 격려함으로써, 또는 그 밖의 측면에서 인류를 위해 크게 봉사함으로써 일반적 평화와 여러 나라 사이의 우호 관계를 추진하는 데 크게 공헌한 사람에게 상금을 수여하기 위해 쓰여지게 되었다.

노벨은 1896년에 타계하였다. 그리고 노벨상 기금은 1901년에 설립되었다. 그 해 이래, 해마다 이 기금에서 각기 수천 파운드에 달하는 상금이 탁월한 업적을 남긴 사람들에게 국적과 성별을 묻지 않고 주어지고 있다.

당초의 계획에 따라 평화상은 그 전해 1년 동안에 평화를 추진함에 가장 공헌한 사람을 노르웨이 국회가 선출해서 수여하며, 그 밖의 상은 스웨덴 과학 아카데미의 추천을 바탕으로 생리 의학, 화학, 물리학, 문학, 경제학(1969년에 신설) 각 분야에서 뛰어난 업적을 올린 사람에게 주어진다.

20

어느 유대 인 화학자의
조국 광복

아 세 톤 제 조 법 의 발 견

아 세 톤 생 산 의 실 용 화

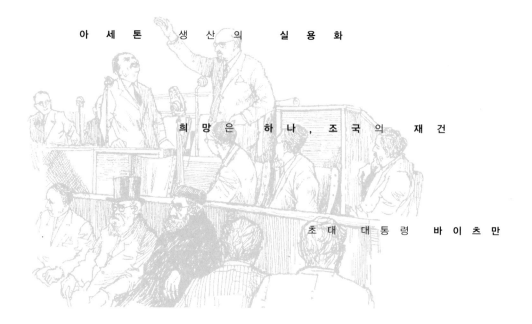

희 망 은 하 나 , 조 국 의 재 건

초 대 대 통 령 바 이 츠 만

유대 인과 시오니즘

유대 인은 팔레스타인에 정착한 이스라엘 부족의 자손이다. 한 유대 인 화학자에 관한 이 이야기는 기원 전 600년 무렵의 예루살렘에서 시작된다. 그 시절, 예루살렘은 견고한 성으로 둘러싸였고, 성 안에는 솔로몬 왕의 사원이 있었다. 이 사원은 헤브라이(Hebrew, 히브리) 종교의 중심이었고, 예루살렘은 성스러운 도시로 여겨지고 있었다.

기원전 586년, 메소포타미아의 한 도시였던 바빌론의 왕 네부카드네자르 2세(Nebuchadnezzar II, 기원전 630년경~기원전 562년)의 공격으로 예루살렘은 참담하게 파괴되었다. 근대의 일부 정복자들처럼 그는 예루살렘 시민의 다수를 노예로 하여 시외로 추방하고, 일부는 바빌론으로 데리고 갔다.

그로부터 약 50년 뒤에 페르시아 왕 키루스 2세(Cyrus II, 기원전 BC 590년경~기원전 529년경)가 바빌론을 공략했을 때, 추방된 유대 인과 자손을 자유의 몸으로 풀어 주며 원하는 자는 누구나 예루살렘으로 돌아가도록 허락하였다. 이에 따라 수많은 유대 인들이 예루살렘으로 돌아가서 느헤미야(Nehemiah)의 지도 아래 황폐한 도시에 정착하였다.

느헤미야는 즉시 도시를 재건하였다. 성벽을 다시 건설하고, 도시 전체를 견고한 요새로 만들었다. 솔로몬 왕의 사원도 재건하고, 유대 인의 생활과 예배의 양식을 점차 재확립하였다. 예루살렘은 다시 성스러운 도시가 되고, 그 뒤로 500년 동안은 그 지위를 유지하였다. 느헤미야는 지금도 유대 민족의 최대 위인 중 하나로 숭앙되고 있다.

세월이 흘러, 서기 70년이 되자 예루살렘은 또다시 파괴되었다. 유대 인들은 로마 인 때문에 다시 고향을 잃게 되었다. 더욱이 이번의 정복자들은 그들을 어디로 옮겨 살게 하는 수고조차 마다하였다. 유대 인은 어디든 살 수 있는 곳을 찾아 헤매지 않으면 안 되었다.

그래서 유대 인들은 세계 전체의 여러 땅으로 흩어져서 조국을 갖지 못한 민족이 되고 말았다. 그렇지만 어떻게 살더라도 조상의 종교만은 충실히 지켜 나갔다. 유대 민족의 공통된 문학과 언어는 흩어져 있는 유대 인들을 하나의 민족으로서 통합해 왔다.

일부 유대 인들은 잃어버린 예루살렘을 자기네의 성스러운 도시로 여기며 언젠가는 그들 겨레가 한 국가를 만들어 조상의 땅 팔레스타인에서 살게 되리라는 희망을 버리지 않았다.

19세기 말엽, 모든 유대 인이 이 정책에 찬성한 것은 아니었지만, 시오니스트(zionist)라고 일컫는 유대 인들이 팔레스타인에 자신들의 나라를 세울 목적으로 단결하였다.

1914년부터 19년에 걸친 제1차 세계 대전 때, 유대 인들은 어느 진

영이든 가림 없이 각기 살고 있는 나라를 위하여 싸웠다. 여기서는 영국을 도운 한 유대 인 화학자에 관해서, 다음 제21장에서는 독일을 도운 또 하나의 유대 인 화학자에 관하여 이야기하기로 한다.

아세톤 제조법의 발견

제1차 세계 대전이 개시되었을 때, 백러시아(Belarus, 벨로루시) 태생의 유대 인 바이츠만(Chaim Azriel Weizmann, 1874년~1952년)은 맨체스터 대학의 강사로 있으면서 인조 고무를 만드는 실험을 하고 있었다. 그는 열성적인 시오니스트로, 유대 인의 땅을 되찾기 위해서는 온갖 노력을 아끼지 않았다.

시오니스트 운동을 도울 기회는 그의 과학적 연구를 통해 주어졌다. 그 연구란 아세톤(acetone)에 관한 것이었다. 아세톤은 물질을 녹이는 액체며, 여러 물질의 제조에 사용되었다. 그리고 전쟁 중에는 여러 탄환에 쓰이는 무연 화약을 만드는 데 대량으로 소비되기도 했다.

1914년까지 아세톤을 만드는 일반적 방법이란 공기를 배제하기 위해서, 목재를 밀폐한 용기에 넣고 가열하여, 거기서 방출되는 증기를 모으는 것이었다. 이 증기 속에 아세톤이 포함되어 있어 아세톤을 만들어 내는 데는 목재가 대량으로 소요되었다.

그런데 영국이 속해 있는 잉글랜드 제도에는 이미 큰 나무숲이 얼마 남아 있지 않았다. 목재를 대량으로 공급할 수가 없었기 때문에 대전 전에는 아세톤 제조에 소요되는 목재를 거의 전량 수입하는 수밖에 없었다. 그러다 전쟁이 벌어져 선박으로 수송되는 물자의 부피가 크게 제한을 받게 되자 목재도 매우 귀중한 것이 되었다. 더욱이 적군의 해상 활동으로 수송선이 격침되어 목재는 더더욱 귀해질 수밖에 없었다.

결국 이와 같은 전시 수송 활동의 곤란을 줄이는 수단의 하나로 목재 이외의 물질에서 아세톤을 만드는 방법을 찾아 내야 했다. 그 물질은 물론 잉글랜드 제도에서 충분히 산출되는 것이 아니면 안 되었다. 바이츠만은 인조 고무의 제조를 실험하고 있었던 1910년에 바로 그 방법을 발견하게 되었다.

화학자들은 오래 전부터 효모로 설탕을 발효시켜 에틸알코올(ethyl alcohol)을 만들 때 불순물로서 소량의 이소아밀알코올(isoamyl alcohol)이 생성된다는 사실을 알고 있었다. 이소는 그리스 어로 '같은'의 뜻으로 이성체를 나타낼 때 쓰이며, 아밀알코올은 이렇게 생기는 고급 알코올로 무색의 유상액이며 불쾌한 냄새와 독성이 있다.

본래 이 실험의 목적은 설탕을 인조 고무의 원료로 사용할 수 있는 다른 물질로 변화시키는 박테리아를 발견하려는 데 있었다. 바이츠만은 이 연구에는 성공하지 못했으나, 우연히도 설탕을 순수한 아세톤으로 변질시키는 박테리아를 발견할 수 있었다. ∎

일찍이 바이츠만은 고무의 합성을 연구하는 과정에서 이소아밀알코올이 상당히 필요했다. 그러다 이것을 설탕에서 주산물로 뽑아 낼 수는 없을까 하고 조사하게 되었다. 조사 방법으로 박테리아를 이용하였는데, 이 방법으로 그는 이소아밀알코올과 똑같은 냄새가 나는 액체를 얻을 수 있었다. 그러나 분석해 보니 그것은 아세톤과 부틸알코올(butyl alcohol)의 혼합물이었다. 바이츠만은 이 방법을 더 이상은 사용하지 않았다.

먼저 녹말을 설탕으로 변화시키고, 다음에 그것을 박테리아로 처리하였다. 이 박테리아는 '크로스테리듐 아세트부틸아민'이라고 불리게 되었다. 그 산물은 약 60%의 부틸알코올과 30%의 아세톤 및 10%의 에틸알코올로 이루어져 있었다.

그러나 아세톤을 인조 고무로 변화시킬 수는 없었으므로, 바이츠만과 그의 지도 교수는 이 우연한 발견에 거의 아무런 가치도 인정하지 않고 있었다. 교수는 바이츠만에게 그런 폐액은 모두 버리라고 충고했으나, 다행스럽게도 바이츠만은 실험에 관한 자질구레한 일들을 잊지 않고 있었다.

아세톤 생산의 실용화

1914년 제1차 세계 대전이 일어나자, 육군성은 전국의 모든 과학자들에게 공식 서한을 띄워 군사적 가치가 있는 발견은 무엇이든지 보고하도록 간청하였다. 바이츠만은 이 때 우연히 아세톤을 만들어 냈던 일을 상기하였다. 그는 즉시 아세톤의 제조법을 보고했으나 한동안은 아무런 반응이 없었다.

어느 유대인 화학자의 조국 광복

그러나 2년 뒤 그것이 심각한 문제로 등장하였다. 아세톤의 공급을 위해 선박을 빼돌리기가 쉽지 않았던 것이다. 또 목재에서 채취하는 아세톤은 충분히 순수하지 못하여 질이 좋은 코르다이트(무연 화약)를 만들 수 없다고 믿는 이들도 있었다. 특히 포클랜드(Falkland) 앞바다에서의 해전 뒤에 그런 생각은 더욱 일반적이 되었다. 이 해전에서 영국 군함이 발사한 포탄의 일부가 목표까지 다다르지 못하고 중도에서 떨어지고 말았던 것이다. 사람들은 코르다이트의 제조에 사용된 아세톤이 순수하지 못하기 때문이라고 판단하였다. 그 진상에 관해서는 더 밝혀진 바 없었으나, 아무튼 이를 계기로 바이츠만은 전쟁 초기에 설탕에서 순수한 아세톤을 만드는 작업에 착수하도록 의뢰받았다.

그 당시 잉글랜드 제도에서는 원당이 대량으로 생산되지 않았다. 대부분 미국의 사탕수수 농장, 또는 유럽의 사탕무밭에서 수입되었다. 대신 영국에서는 대량으로 밀과 보리와 연맥, 다량의 감자가 재배되고 있었다. 이들 농산물이 모두 녹말을 포함하고 있음은 물론, 그 녹말은 비교적 간단히 아세톤의 제조에 적합한 당분으로 바꿀 수 있었다.

1916년, 바이츠만은 해군성에서 윈스턴 처칠(Winston Leonard Spencer Churchill, 1874년~1965년)과 회견했다. 몇 해가 지난 뒤 바이츠만은 회견장에서 거의 다짜고짜로 처칠이 퍼부은 말에 공포까지 느꼈다고 고백하였다. 처칠은 이렇게 말하더라는 것이다.

"바이츠만 박사! 우리는 아세톤 3만 t이 필요하오. 그것을 만들 수 있겠습니까?"

그 때까지 바이츠만이 만든 아세톤의 수량이란 고작 컵 하나에 가득 찰 정도였다. 그는 실험실에서 사용되는 방법을 대규모의 생산 과정으로 변경한다는 것이 얼마나 어려운가를 익히 알고 있었다.

당시의 군수품 위원회 위원장이던 로이드 조지(David Lloyd George, 1863년~1945년)는 바이츠만의 도움을 요구하는 데 원동력이 된 사람이다. 그 또한 바이츠만과 회견한 바 있었다. 바이츠만은 실험실에서 아세톤을 만들 수 있다고 인정받긴 하였으나, 대규모로 확실한 생산을 할 수 있을 때까지는 상당한 시간이 걸릴 것이라고 말했다. 그러고는 조심스럽게 물어 보았다.

"시간은 얼마나 주실 건가요?"

"오랜 시간을 드릴 순 없어요. 사태가 급박하니까요."

"알겠습니다. 밤낮을 가리지 않고 하지요."

그는 브롬리 바이 바우(Bromley-by-bow)에 있는 니콜슨의 진(jin, 술 이름) 증류 공장을 사용하도록 허락받았다. 그로부터 많은 어려움 끝에, 주로 옥수수에서 채취되는 당분에서 한꺼번에 0.5t의 아세톤을 만드는 방법을 발견하였다. 이에 해군성은 그 밖의 증류 공장을 접수하고, 또 바이츠만을 위해 새 공장 하나를 지어 주었다. 이들 공장은 머지않아 1년에 50만 t의 옥수수를 사용할 수 있게 되었다. 그 옥수수는 모두 미국으로부터 수입해야 했는데, 목재에 비하면 배에 싣는 부피가 작아 그런대로 유리한 점이 있었다.

그러나 그 무렵에는 독일군의 소형 잠수함 'U보트'의 활동이 활발해져 있었다. 그들이 대서양을 건너는 영국의 수송선을 닥치는 대로 격침하는 통에, 마침내 옥수수도 쓸 수 없게 되었다. 하는 수 없이 다른 물질을 찾지 않으면 안 되었다.

그러나 녹말을 함유한 물질이라고는 나라 안에 전혀 여유가 없었다. 이에 조금이라도 공급을 보충하자고 어린이들을 동원하여 밤을 주워 모으게 한 결과, 밤에 들어 있는 녹말을 당분으로 바꿀 수 있었다.

영국 정부는 캐나다와 미국에 아세톤 제조 공장을 세우기로 하였다. 그 나라들에서 옥수수와 밀 종류가 풍부히 생산되었으므로, 영국에서도 훨씬 많은 양의 녹말을 쓸 수 있게 되었다. 또 인도에도 증류 공장을 세워 쌀에서 녹말을 채취하였다.

전쟁이 끝날 무렵 연합국의 공장에서는 전시 중의 모든 수요를 충분히 충당할 수 있을 만큼 순수한 아세톤을 생산할 수 있게 되었다.

희망은 하나, 조국의 재건

그 무렵 바이츠만은 그의 과학 연구와 관련하여 몇몇 영국의 지도적 정치가들과 밀접하게 접촉하고 있었다. 그가 전쟁 전에, 뒷날 전시의 외무 장관이 된 밸푸어(Arthur James Balfour, 1848년~1930년)를 만난 것은 사실이다. 그러나 그것은 고작 얼굴을 아는 정도에 지나지 않았다.

1916년에 바이츠만과 밸푸어는 다시 만나 아세톤의 생산에 관계된

공적인 사항을 논의하였다. 이 회담이 끝날 즈음이었다. 바이츠만이 열렬한 시오니스트라는 사실을 알고 있던 밸푸어는 유대 인 문제를 언급하다가 결론적으로 한 마디 하였다.

"바이츠만 박사, 만약에 연합국이 이 전쟁에서 이기면 귀하에게 예루살렘을 드리지요."

서너 달이 지난 뒤, 그 때에 군수 장관이 되어 있던 로이드 조지가 하루는 바이츠만을 불러, 그의 아세톤 제조를 위한 노력의 성공을 축하하며 이렇게 말했다.

"귀하는 국가를 위해 위대한 봉사를 하셨소. 이제 우리는 수상께 아뢰어 국왕 폐하의 이름으로 귀하에게 어떤 영예를 내리시도록 천거할 작정이오."

바이츠만의 대답은 간단하였다.

"저는 저 개인을 위해서는 아무것도 필요치 않습니다."

로이드 조지는 흠칫 놀라서 물었다.

"그러면 귀하가 국가를 위해 귀중한 공헌을 하신 데 대한 감사로 우리가 할 수 있는 일은 아무것도 없을까요?"

이에 바이츠만은 마음을 다져먹고 말했다.

"있습니다. 우리 유대 인들을 위해 귀하께서 적극 힘써 주십시오."

바이츠만은 이어서 자신이 시오니스트임을 밝힌 다음, 전후에 팔레스타인이 다시 유대 인의 조국이 되기를 바란다고 설명하였다.

로이드 조지는 바이츠만의 말에 깊은 감명을 받았다. 그러나 당장은 유대 인을 위해서 아무 일도 할 수 없었다. 그 대신 밸푸어를 만나 바이츠만의 업적과 희망에 관해 논의하였다. 밸푸어는 정치적인 문제뿐만 아니라 과학적인 사항에 대해서도 강한 흥미를 가진 사람이었다. 따라서 유대 인 화학자와 외무 장관은 곧 밀접한 제휴를 하게 되었다.

그러나 로이드 조지가 수상이 되기까지는 거의 아무런 진전도 없었다.

드디어 로이드 조지 내각이 성립된 뒤, 지도적인 유대 인과의 사이에 기나긴 절충이 되풀이되었다. 1917년에 이르러, 그 유명한 '**밸푸어 선언**'이 승인되었다. 거기에는 이렇게 씌어 있었다.

밸푸어 선언이란?
1917년 11월 2일, 영국 외무장관 밸푸어가 유대 인이 팔레스타인에서 민족적 고향을 건설하는 것을 지지한 선언.

폐하의 정부는 팔레스타인에 유대 인의 조국을 건설하는 데 호의를 기울이며 그 목적의 달성을 위해 최선의 노력을 쏟을 것이다.

이 선언은 그 밖의 연합국이 양해한 가운데 발표된 것이어서 각 연합국은 얼마 뒤에 모두 이 선언을 승인하였다.

(초대 대통령 바이츠만)

팔레스타인은 제1차 세계 대전 이전에는 터키의 영토였다. 터키는 이 대전에서 영국과 연합국에 대항해서 싸웠다. 1917년 말엽, 중동 방면에 파견된 영국군의 사령관이던 앨런비 장군(Edmund Henry Hynman Allenby : 1861~1936)은 터키군을 공격해서 크게 승리를 거두었다. 그의 부대는 급속히 전진한 결과 터키군은 팔레스타인을 황폐화시키거나 예루살렘을 약탈할 틈도 없이 총퇴각하였다. 영국의 정치가들이 밸푸어 선언을 승인한 지 불과 일 주일 뒤에 앨런비 장군은 아무 상처도 입지 않은 예루살렘에 입성할 수 있었다.

이리하여 연합국에 거주하던 유대 인들은 누구나 안전하게 자기네의 조국을 찾아갈 수 있게 되었다. 바이츠만을 지도자로 하며 영국 정부가 공인하는 '유대 인 위원회'가 팔레스타인에 파견되어 선언을 에워싸고 발생하는 여러 문제를 현지에서 처리하게 되었다. 그 결과 70년(로마제국에게 나라를 빼앗긴 해) 이래 처음으로 팔레스타인에 유대 인의 조국을 건설하는 데 유리한 사태가 전개될 것으로 전망되었다.

1920년까지 수천 명의 유대 인이 팔레스타인으로 이주하였다. 토지의 개간이 진행되고, 공업을 일으키게 되고, 학교가 세워지며, 대학도 설립되었다. 그 길이 원활하지는 않았으나 수많은 불행한 사건을 겪은 끝에 유대 인은 1948년에 마침내 팔레스타인에 새 국가를 수립하였다.

이 국가를 그들은 '이스라엘 공화국'이라 이름하였다. 그리고 1949년의 첫 의회에서 바이츠만을 초대 대통령으로 선출하였다. 이것이 그의 노력에 대한 빛나는 포상이었다.

로이드 조지는 밸푸어 선언이 결실을 이루도록 한 여러 절충 가운데서 바이츠만이 수행한 일을 높이 평가하였다. 그는 말했다.

"이 화학자의 빛나는 업적 덕분에 외무 장관과 직접 접촉할 수 있게 되었다. 이것이 협력의 시초이며, 그것이 낳은 결과가 유명한 밸푸어 선언이다. 밸푸어 선언은 시오니스트 운동의 헌장이 되었다. 그러므로 바이츠만 박사는 과학적 발견으로 우리를 도와 전쟁에서 이기게 하였을 뿐 아니라, 세계 지도 위에 영구히 남는 표시를 한 것이다."

바이츠만의 공헌은 더없이 큰 것이었다. 그러나 팔레스타인을 유대 민족에게 돌려 달라고 정부에 압력을 가한 중요한 유대 인은 그 밖에도 많이 있었다. 또한 한 과학자의 빛나는 업적에 보답한다는 뜻 이외에 밸푸어 선언을 성립시키려 한 이유가 많았다.

대전 이전에도 소수의 영국 정치가는 시오니즘에 동정을 나타내고 있었고, 로이드 조지 자신도 유대 인을 탁월한 민족으로 보며 존경하고 있었다. 그런 동정은 전쟁 중에 한층 강조되었다.

그뿐 아니라 1917년 무렵에는 많은 연합국 정치가들까지 이를 통감하고 있었다. 자신들의 전쟁을 위한 노력에 대한 여러 중립국 유대 인, 특히 미국에 거주하는 유대 인들의 지지를 받을 수 있는 중요성이 있었다. 그리고 더 나아가 로이드 조지와 그 밖의 영국 정치가들은 팔레스타인에 우호적인 유대 인이 정착하면 수에즈 운하 어귀의 안전을 확보하는 데 유익하다고 믿고 있었다.

그렇더라도 아세톤의 제조 문제에서 바이츠만의 과학적 성공이 그에게 '궁정 내부의 친구'들을 제공하게 된 사실에는 의심의 여지가 없

초대 대통령
바이츠만

다. 그와 외무 장관 밸푸어 사이에 맺어진 깊은 관계는 유대 인을 위해
지극히 적합한 시기에 이루어진 것이었으며, 그 기회를 바이츠만은 현
명하고 교묘하게 이용한 것이었다.

　　로이드 조지의 다음과 같은 한 마디는 빛나는 화학자이자 정치가이기
도 했던 유대 인 바이츠만 이야기를 매듭짓는 말로 딱 들어맞을 것이다.

　　"시온의 재건이야말로 그가 바란 유일한 보수였으며, 그의 이름은
이스라엘의 아들들에게 매력 있고 읽는 이의 용기를 북돋워 주는 이야
기 중에서 느헤미야의 이름과 나란히 있게 되리라."

21

전 쟁 과 질 산

공 중 질 소 고 정 법 의 개 발

조국을 잃은
어느 유대인 화학자

독 가 스 의 발 명

최 초 의 독 가 스 공 격

그 의 의 와 영 향

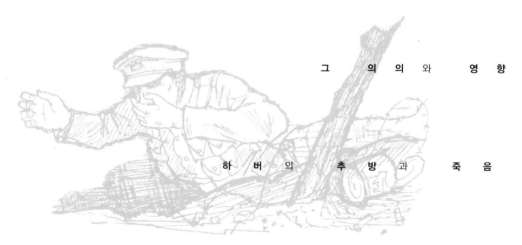

하 버 의 추 방 과 죽 음

앞의 이야기는 어느 유대 인 화학자가 제1차 세계 대전 중에 영국과 연합국을 위해 공헌하고, 그 대가로 조국을 되찾았다는 희극이었다. 같은 대전에서 또 하나의 저명한 유대 인 화학자는 독일 쪽에 힘을 보태 주었는데, 그에게 주어진 궁극적인 대가는 국외 추방이었다. 이 이야기도 전쟁에 관계된 것이지만, 그 실마리는 농업이라는 평화로운 일부터 시작된다.

무릇 성장하는 식물은 흙에서 갖가지 물질을 흡수한다. 논밭에서는 자연 비료와 인조 비료를 흙에 주어, 그렇게 빼앗긴 것을 보충해 주어야 한다. 비료를 만들기 위해서는 질산이라는 물질이 반드시 필요하다.

전쟁과 질산

20세기 초엽까지 그 질산의 대부분은 질산칼륨이라는 흰 고체에서 만들어졌다. 이것은 특히 칠레 등 남아메리카의 여러 나라에서 많이 채굴되고 있었다. 그러던 1898년, 윌리엄 크룩스(William Crookes, 1832년~1919년)라는 영국의 화학자는 이 염이 갈수록 너무나 많이 사용되므로 머지않아 고갈되고 말 것이라고 경고하며, 화학자들은 이 산을 만드는 새로운 방법을 발견하도록 노력해야 한다고 주장하였다.

질산은 농업의 비료를 만드는 데 쓰일 뿐만 아니라, 화약의 원료가 되기도 하는 매우 중요한 물질이다. 따라서 평화로운 시절에 질산 제조 공장을 많이 가진 나라는 일단 전쟁이 시작되면 즉시 그것을 화약의 제조로 전환할 수 있다. 이렇게 공장이 평상시와 전시에 이중으로 이용될 수 있는 점에서도 질산을 만드는 새로운 방법은 보다 절실히 요청되고 있었다.

유럽의 많은 나라들은 남아메리카로부터 수입하는 대량의 원료에 의존하고 있었다. 그러므로 전쟁이 일어나면 질산 제조 공장에는 단박에 일거리가 없어지게 될 사태에 직면해 있었다. 적군이 그 나라의 항구를 봉쇄하고 바다 위에서 수송선을 공격하면 질산칼륨의 공급은 대폭 줄어들 것이 뻔한 일이었기 때문이다.

공중 질소 고정법의 개발

1914년, 제1차 세계 대전의 발발과 더불어 연합국의 해군이 독일을 봉쇄함에 따라 남아메리카로부터의 질산칼륨의 공급은 거의 중단되었다. 앤트워프(Antwerp)에서 한 척의 화물선이 나포되지 않고, 국내 화학자들의 활약이 없었다면 독일은 절망적인 화약의 궁핍에 처하고 말았을 것이다.

선전을 포고하기 직전에, 수천 t이나 되는 질산칼륨을 실은 수송선이 벨기에의 앤트워프 항구 **독**에 들어와 있었다. 개전하자마자 며칠 만에 독일 육군은 벨기에 땅을 짓밟고 앤트워프에 이르렀는데, 그 때까지도 그 배는 질산칼륨을 가득 실은 채 독 안에 머물러 있었다. 어찌 된 일인지, 당국은 그 배를 항구 밖으로 내보내지도 않았고, 또 격침하지도 않았으며, 짐을 바닷물 속에 던져 넣지도 않았다. 따라서 이 배는 이 같은 중요한 전시 필수품을 가득 실은 채 항구에 남아 있었다. 어느 저명한 화학자는, 만약에 그 배를 입수하지 않았더라면 독일 국내의 질산칼륨 저장량은 1915년 봄에 바닥이 났을 것이라고 진단했다.

독(dock) 이란?
선박을 건조·수리하기 위해서 조선소·항만 등에 세워진 시설.

대전이 일어나기 수 년 전부터, 독일을 비롯한 여러 나라의 화학자들은 공기 속에 무한히 있는 기체 질소(공중 질소)에서 비료를 만드는 방법을 찾고 있었다. 1914년까지 세 가지 방법이 발견되었는데, 이 이야기에서 서술할 필요가 있는 것이 그 가운데 하나 있다. 그것은 독일 국적을 가진 유대 인 양친 사이에서 태어난 프리츠 하버(Fritz Haber, 1868년 ~1934년: 1918년에 노벨 화학상 수상)가 발견한 방법이었다.

그는 주로 물과 공기를 쓸 뿐 나라 밖에서 수입하는 원료에 전혀 의존하지 않고 비료(암모니아)를 만드는 데 성공하였다. 1914년 이전에 그는 실제로 비료를 만들었고, 그 공장은 쉽게 질산의 제조로 전환할 수 있었다. 그러나 그 생산량은 질산칼륨에서 얻어지던 양에 비해서는 극히 소량에 지나지 않았다.

　전쟁이 개시되자 독일의 지도자들은 그의 질산 제조법이 전쟁에서 승리하는 데 크게 중요하다는 점을 통감하고, 곧 많은 공장을 새로 세웠다. 그 덕분에 1915년 여름에는 대량의 질산을 생산할 수 있게 되어, 질산칼륨의 공급에 의존한 상태에서 급속히 벗어날 수 있었다.

　하버는 자신이 태어난 나라를 위해 크게 봉사하였고, 독일의 지도자들은 하버를 그 나라 최고의 화학자 중 하나로 꼽고 있었다.

독가스의 발명

　대전 초기부터 전쟁의 양상은 전혀 예상도 못 하게 돌아갔다. 개전 전 양 진영의 지도자들은 이 전쟁에서 보병과 기병이 국토의 광대한 범위에 걸쳐 행동하는 양상을 띨 것으로 예상하였다. 그러나 초기의 서너 주일에 걸친 전투가 끝난 뒤, 전선은 정체되어 '참호전'으로 발전했다.

참호전이란?
적의 공격을 막기 위해 구덩이를 판 것이 참호이며, 참호 안에서 공격과 방어를 하는 싸움을 참호전이라 한다.

　이에 따라 새로운 전투 방법이 구상되었고, 새로운 무기가 필요해졌다. 영국은 탱크를 발명했고, 독일은 독가스를 발명하여 실전에 도입하기에 이르렀다.

　베를린 육군성은 전선의 참호에 나가 있는 군인 화학자들이 독가스를 사용하자고 강력히 주장한 편지를 받고, 결단을 내렸다. 육군성은 베를린 대학의 네른스트(Walter Herrmann Nernst, 1864~1941)와 상의하였고, 네른스트 교수는 그 연구에 동의하였다. ▪

네른스트는 물리·화학과 열역학에 공헌하여 1920년에 노벨 화학상을 받았다.

얼마 뒤인 1914년 말엽부터는 하버 교수가 그 연구 작업의 완전한 책임자가 되었다.

전쟁에서 사용할 수 있는 독가스의 종류는 특수한 성질을 가지고 있어야 하기 때문에, 이상적으로는 가스의 독성이 적군의 전투 요원을 즉사하게 하거나, 그것이 아니더라도 즉각 행동할 수 없게 할 만큼 강력해야 했다. 그 어느 쪽도 불가능하다면 적어도 일시적으로 전투 요원들에게 심한 고통을 주어 마비 상태에 빠뜨려 놓고, 그 동안에 가스 마스크를 장착한 이쪽 전투 요원이 그들을 쉽게 처치할 수 있어야 한다.

또한 가스는 방출된 뒤 얼마 동안은 2m 이상의 높이로 올라가지 않을 정도로 무거워야 한다. 그보다 높게 올라간다면 인체에 아무런 영향도 주지 않을 것이기 때문이다. 사실 가스가 무거워야 한다는 조건은 참호전에서 매우 중요한 성질이었다. 무거운 독가스는 마치 물이 흐르듯 참호나 대피호 속으로 스며들어가 고이게 마련이기 때문이다.

요컨대 이상적인 독가스란 냄새와 빛깔이 없어서 적군이 그 존재를 알아차리지 못하는 가운데 적군의 생명을 앗아 버릴 수 있어야 한다. 빗물에 녹거나 여름철의 고온으로 분해되지 않는 것이 바람직하며, 봉쇄된 나라 안에서도 입수할 수 있는 재료에서 대량 생산할 수 있는 것이어야 하고, 또 쉽게 수송할 수 있는 것이어야 한다.

하버가 그의 조수들을 거느리고 실험적 연구를 진행한 결과에 따라 그는 염소를 사용하도록 권고하기에 이르렀다. 그러나 이 가스를 하버가 처음 착상한 것인지는 확실치 않다. 그러면서도 하버는 염소의 사용을 지지했고, 전후에도 그것을 도입한 책임을 부인하려 들지 않았다는 사실만은 분명하다.

봄베란? 압축된 기체를 넣는 원통.

염소는 식염으로 만들어진다. 식염은 독일 안에서 암염의 형태로 풍부하게 산출되었다. 염소는 **봄베**에 채워서 저장할 수 있으므로 수송도 용이하며, 공기보다 2.5배나 무거우므로 개인호나 참호 또는 대피호 속으로도 가라앉을 것이었다. 또 독성이 매우 크므로 적은 분량으로도 사람을 살해하거나, 적어도 오랫동안 행동하지 못하게 억제할 수 있을 것이었다. 그러나 염소는 황록색을 띠고 심한 냄새를 풍기므로 쉽게 그 존재를 알아차리게 되는 약점도 있었다.

하버는 당초 가스를 포탄에 넣어서 발사하려고 착상했다. 그러나 화약에 쓰이는 탄환 케이스를 만들기도 벅찬 처지여서, 바람이 연합군 쪽으로 불 때를 노려서 가스를 봄베에서 방출하는 방법을 고안해 냈다.

1915년에 하버는 아직 문관으로서 독일의 군인 사회에서는 높은 지위를 차지하고 있지 못하였다. 독일에는 당시 징병 제도가 있었는데, 하버도 여느 독일 청년들처럼 징집되어 일정한 기간 복무하였다. 그러나 장교가 되지는 못하고, 중사의 계급으로 예편되어 있었다. 그것은 대전이 개시되기 25년 전의 일이었다.

1914년 이전에는 유대 인이 프로이센 육군의 장교가 될 수 있는 기회란 거의 없었다. 따라서 독일의 장군들 앞에 하버는 한낱 민간인에 지나지 않았고, 더욱이 유대 인의 신분인지라 상류 계급 출신인 귀족적인 참모 본부 지도자들의 관심을 끌 수는 없었다.

최초의 독가스 공격

몇 차례고 망설이던 끝에 독일군 총사령부는 내키지 않았으나 독가스를 전선에서 실험해 보기로 하였다. 그 장소로 예페르(leper) 지방의 돌출 지대를 선택하였다. 하버는 대규모의 군사 작전에 경험은 없었다. 그러나 최초의 독가스 공격에 관한 계획과 지휘는 주로 하버에게 일임되었다.

마침내 압력이 가해진 약 170t의 염소가 봄베에 채워진 뒤 전선으로 운반되어 약 5.6km의 직선으로 나란히 묻혔다. 가스의 방출을 담당한 병사는 가스로 인한 피해를 예방하기 위해 마스크를 쓰기로 하였다. 1915년 초엽, 이 가스는 바람의 방향만 알맞으면 언제라도 방출할 수 있게 만반의 준비가 갖추어졌다.

1915년 4월 22일, 가스는 영국군의 전선이 알제리로부터 온 프랑스의 외인 부대와 연결된 경계 지점을 향해 방출되었다. 영국군 진지의 감시병은 흰 구름을 거느리고 약 1m 높이로 다가오는 그 초록빛 구름을 목격하였다. 가스는 이윽고 참호 위에 이르렀고, 안으로 스며들어 가라앉았다.

여기저기에서 공포의 비명이 일어났다. 처음에는 눈과 코와 목이 따끔따끔 아프더니, 몇 분이 지나기도 전에 병사들은 심한 기침을 하며 피를 토했다. 병사들은 허둥지둥하였고, 움직일 수 있는 자는 참호에서 뛰쳐나가 후방으로 달아났다.

독일군은 즉시 공격을 개시하였다. 그 공격은 크게 성공하여, 그 날 안에 많은 지점을 점령할 수 있었다. 그러나 저녁 일곱 시 반이 되자 공격을 멈추고는, 참호를 파고 휴식을 취하였다. 그들은 미처 몰랐지만, 그 때 예페르까지의 길은 텅 비어 있었다. 연합군의 전선에는 8km 정도의 공백이 생겨서, 만약 야간에도 진격했더라면 그 곳을 돌파할 수 있었을 것이다.

독일군이 그렇게 휴식을 취하고 있는 동안에 영국군은 부대를 급파하여 그 공백을 메울 수 있었고, 이튿날 더 진격하려는 독일군을 막을 수도 있었다. 그렇기는 했으나 연합군의 희생은 참담한 것이었다. 5천 명이 가스에 중독되었고, 6천 명이 포로가 되었으며, 57문의 대포와 50문의 기관총이 적군의 손에 넘어갔다.

영국의 전역에는 분노와 공포가 몰아쳤다. 영국 정부를 향한 비난도 격렬할 수밖에 없었다. 비난의 초점은 적군의 그 같은 새로운 공격 방법에 대한 경고를 여러 번 받았음에도 불구하고 이 가공할 만한 죽음의 무기에 대해서 인명을 수호할 아무런 준비도 하지 않았다는 점이었

다. 영국 정부는 그 같은 경고에는 일체 주의도 기울이지 않은 채 그대로 매장시켰던 모양이다.

　연합군을 위해서 다행이었던 것은 팔켄하인(Erich Georg Anton Sebastian von Falkenhayn, 1861년~1922년) 장군의 지휘 아래 있던 독일군 총사령부가 이 새로운 전쟁 수단의 가치를 인식할 만한 상상력과 통찰력을 갖지 못했다는 것이었다. 그들은 독가스를 단순한 실험으로밖에는 볼 줄 몰랐다. 독가스의 성공이 증명될 경우를 대비해서 가스를 충분히 저장하는 노력도 없었고, 이 새로운 군사 무기를 위한 특수 전술도 연구되지 않았던 모양이다. 아무튼 전술에 관한 지령이라고는 전혀 내려지지 않았다.

그러나 독일군 사령관들이 독가스의 사용에 열중하지 않았던 데 관해서는 그 성공 여부를 전적으로 풍향에 의존하여야 했다는 데서 찾을 수도 있을 것이다. 플랑드르(Flandre) 지방에서는 바람의 상태가 지극히 불확실하였으므로, 바람이 알맞은 방향으로 불기를 기다리다가는 부대를 오랫동안 한 곳에 묶어 둘 수밖에 없었을 것이다.

그 의의와 영향

이 이야기에는 재미있는 문제가 많이 제기되어 있다. 우선 새로운 전쟁 무기를 처음 대규모로 사용한 경우가 다루어져 있다. 20세기 초엽의 병사들은 이 신무기의 사용에 대해서 목소리를 높여 격렬하게 항의하였다. 그 옛날의 기사들이 신무기로 등장한 화약이 자기들을 향해서만 사용되었을 때 항의한 사실과 마찬가지였다. (제4장 참조) 또 그 점으로 말한다면, 1945년에 원자 폭탄이 처음 사용되었 때 항의의 소리가 소용돌이치던 사실과도 같은 것이었다.

이 이야기는 또 독일군의 전략 계획자들이 가스가 처음으로 방출된 1915년 4월의 그 날 밤, 그들에게 주어진 좋은 기회를 이용할 준비를 전혀 하지 않고 있었다는 사실을 폭로하고 있다. 그들은 이 새로운 화학적 방법을 그다지 신뢰하지 않았다. 그들은 미처 깨닫지 못하고 있었으나, 사실 그로부터 얼마 뒤에 전선에 출현하는 영국군의 탱크에 못지않는 기습 무기를 그들은 이미 손에 쥐었던 것이다.

더욱이 독일군과 연합군의 양쪽 지도자들이 이들 두 가지 과학적 무기를 처음 사용함에 있어 이 같은 기습의 가치를 전혀 깨닫지 못한 점은 매우 주목할 만하다. 그러나 이것만이 독일군의 유일한 과오는 아니었다. 독가스라는 무기를 도입함으로써 그들은 자기 자신의 목을 베는 길로 치달았던 것이다.

독가스의 연막을 사용하는 작전이 그들에게 언제나 유익한 결과가 되는 것은 결코 아니었다. 플랑드르에서는 대부분의 바람이 연합군 참호 쪽에서 독일군 전선 쪽을 향해 불고 있었기 때문이다. 따라서 편서풍은 독가스 사용의 이익을 연합군 쪽으로 줄 망정 독일군에게는 도리어 불리했다.

이 이야기에서 또 하나 재미있는 측면은, 하버 교수가 독일의 군인 사회에서 거의 믿어지지 않을 정도로 크게 출세를 한 사실이었다. 그는 곧 육군성에 신설된 과학 부장 자리에 올랐고, 프로이센 제국의 대령으로 임명되었다.

육군 장관과 육군 원수 힌덴부르크(Paul von Hindenburg, 1847년~1934년) 및 루덴도르프(Erich Ludendorff, 1865년~1937년)로부터 직접 명령을 받을 정도였는데, 아마 순수한 독일인의 혈통을 가진 사람도 예비역 하사관에서 그렇게 높은 지위로 뛰어오른 사람이라고는 없을 것이다.

　그러나 대전이 끝난 뒤, 연합국의 많은 사람들은 하버를 증오에 찬 눈초리로 바라보며 인류에 대하여 용서할 수 없는 죄를 범했다고 비난하였다.

하버의 추방과 죽음

　하버에 관해서는 음산한 후일담이 있다.

　1918년에 독일이 패배한 뒤 한동안 모든 독일인에게는 쓰라린 세월이 이어졌다. 그런 가운데 하버는 젊은 과학자들을 모아서 과학자들이 활발하게 연구할 수 있는 대규모 연구소의 소장이 되었다. 1930년 무렵에는 과학에 관한 그 밖의 수많은 빛나는 발견으로 세계적인 명성을 떨치기도 했다. 그의 고국에 대한 전시와 전후의 업적에 대하여 사람들로부터 갖가지 명예와 포상이 주어졌다. 그의 장래는 보장된 듯이 보였다.

　이윽고 1930년대 초엽에 히틀러가 이끄는 나치스가 독일의 정권을 잡았다. 히틀러의 목표는 통합 국가를 이루는 일이었다. 그는 독일인이야말로 세계의 주인이 될 민족이라고 가르쳤고, 갖은 수단으로 애국심을 고취시켰다. 이른바 순수 게르만, 곧 아리안(Aryan) 인종이 아닌 모든 인간에 대해서 인종적 증오감을 부추기는 일이었다. 특히 유대 인이 인종적 증오의 대상으로 점찍혀 희생되었다.

유대 인은 인간의 머리로 생각할 수 있는 거의 모든 방법으로 박해와 학대를 받았다. 1934년 무렵까지는 그 태반이 나라 밖으로 도망가지 않을 수 없었으며, 나머지 부유한 사람들의 대부분은 투옥되었고, 재산은 파괴되거나 몰수되었다.

1930년대 초기에는 그런 혹독한 행패에 대해서 항의한 하버였다. 그러나 이 위대한 독일의 화학자이자 독일 군인이며 독일의 애국자도 한갓 '유대 인 하버'에 지나지 않는 존재가 되었다. 나치스의 독일은 그가 독일을 위해 바친 공헌에 대하여 아무런 감사도 느낄 줄 몰랐던 것이다.

그는 마침내 추방되는 몸이 되어 이제는 독일 땅에서도 살 수 없게 되었다. 하버는 여느 많은 유대 인들처럼 나라 밖으로 피난처를 찾았다. 그러는 과정에 그는 앓는 몸이 되어 스위스의 어느 요양원에 들어갔다. 그럴 때 영국은 그에게 주거를 제공하여 케임브리지에 살게 하였다.

이 뒤로 그는 한때 케임브리지 대학의 화학 연구소에서 후한 대우를 받았으나, 그 때까지의 오랜 긴장은 그에게 너무나 큰 상처를 주었다. 1934년 1월, 그는 스위스의 바젤(Basle)에서 심장 발작으로 쓸쓸히 생애를 마쳤다.

22

에드워드 3세와 라이문두스 룰루스

연금술 - 300년마다의 사건

헬 베 티 우 스 와 엘 리 어 스

루 덴 도 르 프 와 타 우 센 트

가 능 해 진 원 소 의 변 성

연금술은 중세 시대의 '화학'이라고 일컬을
수 있다. 대개의 연금술사들은 수은이나 납과 같은 비금속을 금이나
은으로 변화시키는 데 노력을 집중하였다. 아득한 옛부터 땅 속에 묻
혀 있는 금이나 은은 그보다 천한 금속이 몇천 년이나 걸려서 점점 '성
장'했다는 신앙이 있었다. 연금술사는 바로 그와 같은 성장 과정을 촉
진하려고 힘썼다.

그들의 대부분은 금을 만들기 위해 진지하게 연구하여, 화학의 지식
이 발전하는 데 귀중한 공헌을 하였다. 일부 연금술사는 불로장수의
약을 찾아 내려고 애썼다. 그 약이란 마시기만 하면 모든 질병이 낫고,
긴 수명이 보장된다는 만능의 약이었다. 물론 연금술사 가운데는 악인
도 있었다.

거의 모든 연금술사들이 비금속에 섞으면 금이 되는 어떤 특별한 물
질을 찾아 내는 데 주력하였다. 이 특별한 물질은 '철학자의 돌', 또는
'현자의 돌'이라고 이름지어졌고, 금이 만들어지는 과정은 '변성', 곧
'트랜스뮤테이션(Transmutation)'이라고 불리었다.

연금술에 관한 이야기는 퍽이나 많지만, 여기서는 각기 약 300년을
사이에 두고 일어난 세 가지 사건을 골랐다. 그것은 비금속에서 금을

만들어 낸다는 신앙이 언제까지나 끊이지 않고 오늘날까지 일부 사람들 사이에서 믿어지고 있다는 사실을 밝히기 위한 것이다.

첫 번째 이야기로 1329년에 일어난 일을 서술하고자 한다. 둘째는 약 300년 뒤에 실시된 실험이고, 마지막으로는 주로 어느 전국 규모 신문 기사에서 취재한 해설인데 첫째 이야기의 사건으로부터 정확히 600년 뒤인 1929년에 체포된 어느 연금술사의 재판을 다루기로 한다.

에드워드 3세와 라이문두스 룰루스

1329년에 영국을 다스리던 국왕은 에드워드 3세(Edward III, 1312년~1377년)였다. 대개의 전제 군주가 그렇듯이 이 국왕도 언제나 금에 굶주려 있었다. 그는 이 해에 불가사의하다고 할 만큼 손쉽게 금을 입수할 수 있는 방법이 있다고 듣고, 다음과 같은 명을 내렸다.

"국민에게 고하노라. 듣자하니 존 로우즈(John Rows)와 윌리엄 드달비(William de Dalby)가 연금술로 은을 만드는 방법을 알고 있으며, 일찍이 그것을 만들었고, 지금도 만들고 있음이 확실하다고 하더라. 이들이 그 같은 귀금속을 만들고 있으니, 그것은 짐과 짐의 왕국에 이익을 가져올 수 있다는 사실을 고려하여, 짐이 총애하는 윌리엄 케어리(William Carey)에게 존과 윌리엄을 발견하는 대로 잡아서 그들의 연금술에 소요

되는 도구 모두와 함께 안전하고 확실하게 보호하여 짐의 앞으로 대령
하도록 명하노라.”

　국왕의 금고를 위해서는 불행한 일이지만 그의 충신 윌리엄은 자신
과 동명인 윌리엄과 존 중 어느 한쪽도 찾아 낼 수가 없었다. 그들에
관해서는 그 뒤로 아무런 기록도 남아 있지 않은 듯하다.

　웨스트민스터 사원의 원장이자 베네딕토회의 회원인 존 크레머(John

Cremer)에 따르면, 이 영국 왕은 고명한 연금술사인 라이문두스 룰루스 (Raimundus Lullus, 1235년~1315년)로 말미암아 또 한 차례의 실망을 맛보게 되었다고 한다.

룰루스는 1235년 무렵에 태어난 에스파냐의 귀족으로서, 프란체스코회의 수도사가 되어 이름을 떨쳤다. 그는 '철학자의 돌', 즉 '콩알만 한 크기의 귀중한 한 첩의 약'을 가지고 있었는데, 이것은 수은에 사용하여 광산에서 캐내는 금보다 더욱 순수한 금으로 바꿀 수 있다고 주장하였다.

연금술사로서 그의 명성이 어찌나 높았던지, 많은 사람들은 그를 신뢰하지 않을 수 없었다. 그는 많은 나라들을 방문했다고 알려지는데, 영국 방문에 관한 다음 기사는 크레머의 《테스터먼트(Testament)》에서 취재한 것이다.

나는 우리의 고귀한 연금술사를 국왕 에드워드 폐하께 소개시켜 드렸다. 폐하는 그를 친절하고도 공손히 맞이하시고, 그로부터 조건이 달린 약속을 받아 냈다. 그것은 왕이 몸소 십자군을 지휘하여 하느님의 적인 터키 인들과 싸우고, 또 금후로는 다른 크리스트 교국과는 싸우지 않는다는 조건 아래 왕에게 무진장의 재화를 바치리라는 약속이었다.

유감스럽게도 이 약속은 실현되지 않았다. 왕이 어리석게도 그 계약 가운데 자신에 관한 부분의 약속을 어겼던 것이다. 우리의 친애하는 연금술사는 마음에 슬픔과 탄식을 품은 채 바다를 건너 도망가지 않을 수 없었다.

룰루스의 영국 방문이라고 일컬어지는 이야기에는 이설이 몇 가지 있다. 어떤 이는 그가 에드워드 3세의 시대에 왔다 하고, 어떤 이는 보다 전인 에드워드 2세(Edward II, 1284년~1327년)가 왕위에 올라 있던 1312년이었다고 하는가 하면, 그가 정말 왔는지를 의심하는 이들도 있다.

룰루스는 영국에 머무는 동안 웨스트민스터 사원 내부에 있는 수도사의 독실, 또는 런던탑에 묵었다고 한다. 많은 기사에 따르면, 그는 철, 수은, 납에서 600만 파운드의 값어치가 있는 금을 만드는 데 성공하였다. 소문에 의하면 그 금의 일부는 '라몬 금화'를 만드는 데 쓰였다고 한다. 또다른 전설에 따르면 금화 몇 개는 수백 년 후에도 존재하였다 한다.

한편, 왕이 그와의 약속을 어기고 크리스트 교의 나라인 프랑스와 싸움을 벌였을 때, 룰루스는 변장을 하고 영국에서 도망쳤다. 룰루스가 살고 있던 방 안의 바닥에는 오래도록 금가루가 남아 있었다고 전해진다.

룰루스의 이 같은 이야기와는 달리, 존과 윌리엄을 체포하려 했다는 이야기는 실제로 있었던 일로 여겨진다. 그들을 체포하라는 명령이 1329년의 특허장 문서에서 눈에 띄기 때문이다.

반면, 웨스트민스터 사원장인 크레머가 룰루스에 관해서 말했다는 이야기는 오늘날 사실로 믿어지지 않고 있다. 에드워드라는 이름의 두 국왕이 통치하던 어느 시대에도 존 크레머라는 이름의 웨스트민스터 사원장이 있었다는 증거는 없는 듯하며, 따라서 이 이야기를 적고 있는 크레머의 《테스터먼트》는 가짜 책으로 추정된다.

그럼에도 불구하고 세상의 많은 저술가들은 룰루스가 정말로 영국을 방문했고, 금화를 만드는 일을 도왔다고 믿고 있다. 그러면서도 일설에 따르면, 에드워드가 금을 손에 놓은 것은 양털에 세금을 매기라는 룰루스의 권고에 따라서였지, '철학자의 돌'을 사용해서는 아니었다고 한다. 어쨌거나 그 '양모세'로 국왕의 금고에 수천 파운드가 들어왔음은 물론이다.

헬베티우스와 엘리어스

그로부터 300년이 조금 더 지난 1666년 12월 27일, 화가 엘리어스 (Elias)라고 자칭하는 낯선 사나이가 존 프레데릭 헬베티우스(John Frederick Helvetius)를 찾아왔다. 헬베티우스는 네덜란드 헤이그(Hague)의 궁전 전속 의사로, 오란주 공(Prince of Orange) 밑에서 근무하고 있었다. 이 오란주 공은 뒷날 명예 혁명으로 영국 왕 윌리엄 3세가 된 사람이다.

이 방문과 그 결과는 사건 얼마 뒤에 저술된 책에 기록되어 있다. 그 책의 표제는 다음과 같이 화려한 것이었다. 《황금의 송아지, 금속의 변

철학자의 돌을
보이고 있는
엘리어스

성에 있어서의 지극히 드문 자연의 기적,
다시 말해서, 헤이그에서 한 덩이의 납에
조그만 돌을 주입함으로써 순식간에 금
으로 변한 사건》▪

당시에는 책에 이런 기다란 제목을 붙
이는 일이 그다지 진기하지 않았다.

　인사말 몇 마디를 주고받은 뒤, 엘리
어스는 호주머니에서 상아로 만들어진 상자를 꺼내 놓았다. 그 속에
는 유리와 같은 물질이 세 조각 들어 있었다. 그것은 유황의 빛깔이
고, 크기는 호두알만하였다. 엘리어스는 이것이 '철학자의 돌'이라고

말하였다.

　엘리어스는 헬베티우스에게 이 조각의 하나를 손에 쥐고 살펴보라고 권하였다. 다음에는 커다란 황금판 다섯 장을 보이며, 자신의 '철학자의 돌'을 사용해서 얻은 금으로 만든 것이라고 말하였다. 그러고는 다시 또 오겠다는 약속을 하고 돌아갔다.

　서너 주일이 지난 뒤 엘리어스는 다시 돌아와서 헬베티우스에게 유채씨만한 작은 알을 건네 주면서 말했다.

　"왕후들조차 본 일이 없는 훌륭한 보석을 드리지요."

　헬베티우스는 어이없어하며, 이런 쩨쩨한 조각은 아무 쓸모가 없다고 대답하였다. 그러자 엘리어스는 엄지손가락 손톱으로 그것을 둘로 쪼개더니 한 조각을 불 속에 던져 놓고, 한 조각은 파란 종이에 싸서 "그대에겐 이것이면 족하지요." 하며 헬베티우스에게 건네주었다. 헬베티우스는 고맙다고 말한 뒤, 그가 방법을 가르쳐만 준다면 이것으로 내일 실험을 해 보고 싶다고 말했다. 엘리어스는 그에게 말했다.

　"그 돌을 황색의 납으로 싸서, 녹은 납 속에 넣으시오. 황색의 납은 돌을 납의 증기로부터 보호하고, 결국 그것은 녹은 금속 속에 충분히 스며들 것이오."

　그리고 엘리어스는 내일 다시 오겠다는 약속을 하고 떠나갔다. 이튿날 엘리어스는 오지 않았다. 헬베티우스는 하는 수 없이 아내의 도움을 받으며 스스로 실험하기로 하였다.

　그는 납을 도가니 속에 넣고 녹였고, 아내는 그 동안에 귀중한 돌을 백랍으로 쌌다. 드디어 납이 녹자, 그는 백랍으로 싼 그 돌을 그 속에 넣었다. 순간, "슛." 하는 소리가 나고, 거품이 일었다. 15분쯤 지나자, 납 전체가 금으로 변했다. 이들 부부가 크게 기뻐했음은 물론이다. 그 뒤의 일은 헬베티우스 자신의 입으로 말하게 하자.

나와 그 자리에 같이 있던 모든 사람들은 크게 놀랐다. 우리는 부랴부랴 금 세공사를 찾아가서 조사를 의뢰해 보았다. 그는 이모저모로 면밀히 살펴보더니, 이것은 극상품의 황금이라고 판정하였다. 그는 세계 어디를 찾아 뒤져도 이보다 더 좋은 금을 찾을 수 없을 것이라고 보장하며, 이 정도의 금이라면 1온스에 50**플로린**을 지불해도 좋다고 덧붙여 말하였다.

> 플로린(florin) 이란?
> 네덜란드의 화폐 단위로서 길더(guilder)라고도 한다.

　헬베티우스는 오란주 공을 비롯한 그의 신하들로부터 매우 존경을 받는 사람이었으며, 그 자신은 실제로 납을 금으로 바꾸었다고 믿어 의심치 않고 있다. 그러나 그 자신과 화가 엘리어스에 의해 만들어진 금에 관한 기록은 그 밖에 아무것도 없으므로, 이 이야기는 오늘날에 이르러서는 믿어지지 않고 있다.

루덴도르프와 타우센트

　그 뒤의 300년 동안에 우리의 화학에 관한 지식은 눈부시게 진보하였다. 그러나 20세기에 들어와서조차 비금속을 금으로 바꿀 수 있다고 믿는 사람들이 있었다. 그 실례로 다음 이야기를 소개한다.

　1925년, 프란츠 타우센트(Franz Tausend)라는 독일인이 비금속을 금으로 바꾸는 데 성공했다고 공표하였다. 그는 '변성'과는 아무런 관계도 없는 어떤 실험을 하다가 우연히 폭발 사고가 일어나서 부산물로 이런 결과를 얻었다고 경위를 밝혔다. 타우센트는 또 자신의 이론이 금은 땅 속에서 극히 느린 속도로 비금속이 성장한 것이라는 고대인의 신앙을 기초로 하고 있다고 말하였다. 그러면서 자연은 몇십만 년이나 걸려서 달성하는 일을 자신은 서너 시간 동안에 이룰 수 있다고 주장하였다.

　타우센트는 이 놀라운 뉴스를 가지고 뮌헨의 조폐국을 찾아가 전문가들에게 접근하려 시도했다. 그러나 그들은 말도 안 되는 소리라며 상대를 해 주지 않았다.

　다음에는 제1차 세계 대전 때 독일군의 최고위층 장군의 하나이며 후에 국회 의원으로 선출되기도 한 루덴도르프(Ludendorff)와 접촉하는 데 성공하였다. 루덴도르프는 타우센트의 주장을 조사하기로 뜻을 굳혔다. 그는 자신의 의붓아들에게 그 조사를 담당하도록 하였다.

그로부터 2년 뒤, 이 의붓아들은 타우센트의 주장을 조사하는 동안에 그가 실제로 '변성'의 비밀을 발견한 것으로 확신하기에 이르렀다고 선언하였다. 그는 엄중한 감시 아래 실시된 40회 또는 50회에 걸친 실험에 입회했는데, 대개의 실험에서 타우센트는 핀의 머리만한 크기의 금 조각을 얻어 낼 수 있었다고 말하였다.

의붓아들은 또한 타우센트가 금을 만드는 과정의 일부는 자신에게 보여 주었으나 최종 단계만은 보여 주지 않았다고 증언하였다. 그렇긴 하나 타우센트가 없는 동안에 실시된 몇 번의 실험에서도 극히 만족할 만한 결과를 얻은 것 같다고 덧붙였다. 1927년에는 사기의 가능성은 없었다고 확언하기도 하였다.

처음 한동안은 루덴도르프 장군도 회의적이어서 몇 번이고 실험을 되풀이하라고 요구하곤 하였다. 그런 가운데 조사 결과를 보고받고는, 타우센트가 예로부터의 오랜 비밀을 발견한 것으로 믿게 되어 자신의 법정 대리인에게 지시하여 그 방법을 개발하기 위한 회사를 설립하게 하였다.

이 회사의 주주는 대부분이 장군과 밀접한 관계가 있는 사람들로서, 독일의 지도 계급을 비롯한 귀족 등 수많은 명사들이 포함되어 있었다. 이렇게 세상에서 내노라 하는 유명 인사들이 주주가 된 것은 한갓 자신들의 금전적 이익을 위해 큰 돈을 벌자는 욕심 때문만은 아니었다. 오직 자본주의의 지배를 깨뜨리자는 의욕 때문이었다고 뒷날 일컬어지고 있다.

실제로 그 무렵의 독일은 재정적으로 극히 곤란한 시기에 처해 있었다. 따라서 이들 주주들 생각에 금의 가치가 떨어지면 독일의 경제 상태는 크게 개선되려니 믿었던 것이다. 회사의 성공으로 기대되는 이익금은 그 75%를 '애국적 목적을 위해서' 루덴도르프 장군에게 주어지고, 나머지 20%는 주주들에게 배당되며, 그 나머지 5%가 타우젠트의 보수가 된다고 규정했다.

1928년이 되자 타우센트는 '타우센트 남작'이라고 자칭하면서 궁전 같은 저택에서 호화로운 생활을 즐겼다. 회사의 거대한 자본을 믿고 거들먹거리며 기고만장하였다. 그러나 그것은 오래 가지 못하였다. 1929년 말엽에 그가 사기 혐의로 체포되고 만 것이다.

재판은 1931년 1월 뮌헨에서 개최되었는데, 회사의 설립에 이르기까지의 경위에 관해서 꽤 많은 증언이 수집되었다.

어느 함부르크의 공장주는 법정에다 핀의 머리 크기만한 금 조각을 제출하고, 타우센트가 만들었다고 증언하였다. 독일 은행의 한 이사도 역시 법정에서 타우센트가 만들었다고 주장하는 오리알만한 크기의 금덩이를 보았다고 진술하였다.

또 타우센트의 비서는 타우센트가 실험을 통해서 분명히 20g의 금을 만드는 현장을 목격했다면서, "그 금을 보았을 때는 몸이 오싹하는 차가운 전율감이 등골을 스쳐 내려갔다."고 단언했다.

타우센트는 그 '변성'으로 만들었다고 일컫는 금 조각을 다른 사람들에게도 보인 바 있다는 증언도 제시되었다. 전에 그 회사에 고용되었던 한 사원은 언젠가 실험실의 식기장 속에 금가루가 채워진 시험관을 발견했다고 증언하였다. 그 때, 그 금은 '변성' 과정에서 쓰는 것으로, 새로운 자료에 금을 조금 첨가하면 '변성'이 크게 촉진된다고 타우센트는 설명하였다 한다.

다음에는 화학의 전문가가 증인으로 불려나왔다. 그들은 모두 자신들의 눈앞에서 실시된 실험에서는 타우젠트가 금을 만들지 못했다고 주장하였다. 이들 전문가 가운데 하나인 조폐국 이사는 타우센트가 실험하는 현장을 직접 관찰하였다.

언뜻 보기에 실험은 잘 진행되어, 실험이 끝났을 때 용해 도가니 속에 금이 들어 있는 것을 보고는 몹시 놀랐다고 한다. 그러나 나중에 타우센트가 가지고 있는 금촉의 만년필이 생각나서 회의적이 되었다고 덧붙였다. 그래서 실험에서 타우센트가 만든 금을 분석해 보았더니, 그것은 만년필의 금촉을 만드는 데 쓰이는 합금이었다는 것이다.

마침내 타우센트는 유죄로 판결되어 3년 8개월의 징역이 선고되었다. 또 재판의 비용도 지불하도록 명령되어, 그의 실험실에 있었던 재료와 함께 남아 있던 약간의 금도 모두 몰수되었다.

재판장은 말하기를, 이 선고가 큰 사기 행위로 막대한 금액을 얻은 사실에 비해 지나치게 가벼운 형벌이라고 했다. 그렇기는 하지만 법정은 비교적 가벼운 벌을 주어도 지장은 없었음직했다. 금을 잃은 사람들은 손쉬운 방법으로 한 재산 만들 수 있다는 감언이설을 너무도 쉽게 믿어 버린 것뿐이기 때문이다.

가능해진 원소의 변성

타우센트가 많은 유명 인사들을 호락호락 속여 먹은 이야기와 관련해 다음 사실을 덧붙이고 싶다.

원자의 연구가 진전된 결과 일종의 '변성'이 불가능하지는 않다는 사실이 밝혀졌다. 타우센트가 처음으로 설득력을 발휘하기 시작한 1925년보다도 훨씬 전에 과학자들은 원자는 분할할 수 없다는 고대로부터의 이론을 버리고 있었다.

1896년에 방사능이 발견된 뒤로 몇몇 원소의 원자는 자연 상태에서 스스로 변화한다는 사실이 알려졌다. 그리고 1920년까지 러더퍼드 (Ernest Rutherford, 1871년~1937년)는 자연의 자원에서 얻은 입자로 원자를 타격해서 파괴하는 데 성공하였다.

따라서 감언이설을 늘어놓을 수 있는 악한은 1896년 이전보다도 1925년이 오히려 사람들을 믿게 하기가 쉬웠다.

재미있는 일은 타우센트가 징역형을 치르는 동안에 코크로프트(Sir John Douglas Cockcrof, 1897년~1967년)와 월턴(Ernest Thomas Sinton Walton, 1903년~1995년)이라는 케임브리지 대학의 두 과학자가 1932년에 실험실 안에서 인공적으로 가속한 입자를 사용하여 원자를 분할하는 데 성공했다는 것이다.

그 후로 많은 물리학자들이 원자의 본질과 성질을 신중히 연구하여 큰 성공을 거두었다. 따라서 오늘날에는 수많은 원소의 원자를 분할할 수 있게 되어 원소의 '변성'은 거의 식은 죽 먹기처럼 흔한 일이 되어 있다.

그렇기는 하지만 연금술사의 목표, 즉 비금속을 실용적인 규모에서 금으로 변성한다는 일을 달성한 사람은 아직까지 없다.

쉽다. 그리고 너무너무 재미있다. 추리 소설이나 연애 소설만이 재미있다는 통설을 이 책은 한꺼번에 뒤집는다. 과학이라면 왠지 딱딱하고 어려운 것이라는 우리의 편견이 얼마나 잘못된 것인지를, 실험이나 화학 공식만이 과학의 전부일 거라는 우리의 왜곡된 상식을 《청소년을 위한 케임브리지 과학사》는 바로잡아 준다.

"그래도 지구는 돈다." 늙은 갈릴레이가 종교 재판을 받은 뒤에 중얼거렸다는 이 유명한 말에 숨은 일화, 만유인력을 발견한 뉴턴의 사과나무 이야기는 정사(正史)가 아니라는 사실, 그 밖에 실험실에서 있었던 일화, 인류 역사를 바꾼 뜻밖의 발견들……. 그 모든 과학의 역사에 숨겨진 뒷얘기들을 이 책은 담고 있다.

그러나 재미만 있는 책은 아니다. 종교 개혁의 선구자였던 루터나 칼뱅이 지동설의 맹렬한 공격자였다는 이야기와 원자 폭탄을 둘러싼 이야기를 통해 과학의 역사가 단지 찬사와 축복만으로 이루어진 것이 아니라, 무지와 권력과 보수적 질서와의 완강한 싸움을 통해 스스로의

미래를 열어 온 것임을 가르쳐 준다. 그리고 진리에의 갈증을 풀기 위하여 일생을 연구에 몰두하는 과학자들의 삶과 신념을 통해 올바른 인생에 대한 교훈을 일깨워 준다.

이 책은 교과서에 나오지 않는 이야기를 통해서 교실 밖의 진지한 과학 교사가 되어 주고, 과학 공부에 싫증을 내는 학생들에게 학습 의욕을 북돋워 준다. 과학사에 있어서 중요한 일화나 유명한 말을 설명할 때, 실제로 그런 일이 그 당시 어떤 사회적 상황에서 일어난 일인지, 정확한 진상은 무엇인지, 만약 허황된 와전이라면 그 경위는 어떠한 것인지 정확하게 설명해 준다. 과학·기술사의 오류를 수정하여 진실을 복원시켜 낸 것은 지은이의 노력과 희생이 있었기에 가능한 것이었다.

그렇기에 이 책은 누구나 읽어도 좋다. 과학 과목에 흥미를 잃은 학생, 학부모, 또 지은이와 같이 수업 내용을 풍부히 하고 싶어 하는 교사, 과학 기술직에 종사하고 있는 직장인, 그리고 삶의 질을 풍부히 하고 폭넓은 교양을 얻고자 하는 일반인, 그 어느 누구에게라도 권하고 싶은 책이다. 특히 청소년을 위한 과학서로서 적극적으로 추천하고 싶다.

이 책을 번역하게 된 동기도 과학 교육과 보급의 현장에서 이보다도 더 절실한 책은 없을 거라는 생각에서였다. 과학의 지평을 넓히는 데 이보다 더 적절한 책은 아직 발견하지 못했기에 더더욱 보람을 느낀다. 옮기는 데도 특별한 어려움은 없었다. 그리고 독자들의 이해를 높이기 위해 가급적 쉬운 용어로 풀어 쓰고 또 설명이나 주(註)도 성실히 달았다.

끝으로 이 책을 출판하는 데 힘을 실어 주신 출판사 관계자 여러분의 노고에 심심한 고마움을 전한다.

조경철